Der Steyr 680

des Österreichischen Bundesheeres

WALTER BLASI

Der Steyr 680

des Österreichischen Bundesheeres

W-H EDITION WINKLER-HERMADEN

Das Titelbild zeigt einen Steyr 680M mit aufgesessener Mannschaft in der Jägerschule Saalfelden.

HKFW

Traditionsverband Heereskraftfahrwesen

www.edition-wh.at
Satz und Layout: Ecker-Design, A-2020 Hollabrunn
Printed in the EU
ISBN 978-3-9519762-4-2

Inhalt

Ein Steyr 680 M3 im Besitz der Traditionsverbands Heereskraftfahrwesen (HKFW).

Vorwort

Der Steyr 680 war über vier Jahrzehnte der bekannteste Lastkraftwagen des Bundesheeres. Mehrere Generationen von Grundwehrdienern fuhren entweder aufgesessen auf der Ladefläche oder als Kraftfahrer mit diesem Fahrzeug, welches in seiner Grundkonzeption noch auf das Ende der 1950er-Jahre zurückging und ab 1967 im Heer eingeführt wurde. Die Bedeutung dieser Geschichte mag auch dadurch unterstrichen werden, dass der 680er noch während der gesamten Einsatzzeit seines Nachfolgers (des Steyr 12M18) weiter im Einsatz blieb und erst 2007 endgültig das Bundesheer verlassen hat.

Auch außerhalb der militärischen Verwendung war der Steyr 680 ein erster Wendepunkt in der Geschichte der Steyr-Lastkraftwagen. Nach 15 Jahren des klassischen „Hauber-Designs" der Nachkriegsjahre wird zum ersten Mal ein Frontlenker vorgestellt. Auch die Motorisierung wird vorangetrieben – vom 380er bis zum 580er waren Steyr-Lastkraftwagen ausschließlich mit dem WD413 Vierzylinder ausgerüstet. Der 680er kommt erstmalig standardmäßig mit dem neuen WD609 Sechszylindermotor auf den Markt (abgesehen vom Typ 586, der für wenige Jahre den neuen Sechszylinder noch im alten Hauber-Design eingeführt hatte).

In unserer Sammlung befindet sich einer der ersten fünf Prototypen, welche ab 1963 an das Bundesheer zur Erprobung übergeben worden waren (W 176.453). 1991 wurde ein letzter Versuch unternommen, der bereits 25 Jahre alten Plattform neues Leben einzuhauchen und die bestehenden Heeres-Lastkraftwagen zu modernisieren. Wir sind sehr stolz darauf, auch einen dieser wenigen Prototypen bei uns zu haben und so die gesamte „Lebenszeit" des 680ers im Bundesheer zeigen zu können.

Dr. Walter Blasi hat über die letzten drei Jahre die Geschichte des Fahrzeugs in Wort und Bild recherchiert und stellt den bereits dritten Band in unserer Buchreihe über die Motorisierung des Österreichischen Bundesheeres vor. Als Traditionsverband haben wir es uns zum Ziel gesetzt, die Geschichte der österreichischen Heeresmotorisierung nicht nur durch das Erhalten von Fahrzeugen, sondern auch durch das Dokumentieren der technischen Entwicklungen und deren Einführung im Bundesheer „am Leben zu erhalten". Unser Dank gilt dem Autor für sein bereits drittes Werk, und wir freuen uns auf die Fortsetzung in den kommenden Jahren.

Wir wünschen allen Lesern viel Vergnügen mit diesem dritten Werk über die Meilensteine österreichischer Nachkriegs-Heeresmotorisierung!

Dr. Hermann Spörker
Obmann
Wien, im Sommer 2024

Einleitung

Im Jahr 1960 kamen mit der Baureihe 680 die ersten Frontlenker-Lastkraftwagen auf den Markt; bis dahin waren nur Hauben-Lastkraftwagen gebaut worden. Ihr kompaktes Fahrerhaus gestattete einen verkürzten Radstand sowie eine günstige Achslastverteilung und dadurch eine größere Wendigkeit bei geringerem Platzbedarf. Als Besonderheit war bei dieser Baureihe der Motor samt Kühler und Getriebe auf einem ausziehbaren Hilfsrahmen aufgebaut und konnte auf diese Weise zur Gänze nach vorn herausgezogen werden. Damit war bei anfallenden Reparaturarbeiten eine leichte Zugänglichkeit ermöglicht worden, denn das Fahrerhaus war nicht, wie bis dahin üblich, kippbar (was von fast allen Interessenten negativ angekreidet wurde). Das neue Fahrerhaus war erstmals als reine Blechkonstruktion ausgeführt worden. Es war schallisoliert, in Gummielementen gelagert und mit einer Frischluftwarmwasserheizung und darüber hinaus mit einer Defrosteranlage ausgestattet.

In der ersten Version war der 680er kein Verkaufsschlager. Die Nutzlast lag nur ein wenig über der des Steyr 480 und um eine Tonne unter der des Steyr 586. Und er war um über 20 Prozent teurer als der nutzlastähnliche 480er. In der Holzwirtschaft sowie bei den Kipper-Kunden tendierte die Akzeptanz eines Frontlenkers noch gegen null. Frontlenker sollten sich bei Baustellenfahrzeugen erst gegen Mitte der 1960er-Jahre langsam durchsetzen.

Die folgenden Fotos zeigen den Steyr 680 f und seine Varianten 780 und 880 in diversen zivilen Ausführungen.

Steyr 680 f.

Steyr 680 z.

Steyr 680 zgk.

Steyr 780.

Steyr 780 der ADEG Lebensmittelgruppe.

Das Basismodell des 680er mit 120 PS war für eine Nutzlast von 6000 Kilo ausgelegt; die Version 680 z ermöglichte eine Nutzlast von 6950 Kilo. Als weitere Varianten wurden noch die Typen 680 zgk (ein Dreiseitenkipper, auch mit Allradantrieb) und der 680 zs als Sattelschlepper angeboten.

1962 wurde die Baureihe 780 präsentiert, die aus dem 680er abgeleitet war. Die Motorleistung betrug nun 132 PS, die Nutzlast lag je nach Ausführung zwischen 8000 und 8700 Kilo.

1964 kam der Typ 780 e auf den Markt. Er war der erste Steyr-Lastkraftwagen, der serienmäßig mit einem Turbolader ausgestattet war und es auf eine Leistung von 150 PS brachte.

1967 wurde die Serie 880 vorgestellt, die mit Ausnahme der in die Stoßstange integrierten Leuchten noch den Vorgängermodellen glich. Es gab aber auch andere Ausführungen à la 680, wie das Foto eines Fahrzeugs der ADEG Lebensmittelgruppe zeigt. Das Antriebsaggregat des 880er entstammte bereits der neuen Motorenfamilie WD 614. Zu den für das Österreichische Bundesheer ab 1966 gefertigten Lastkraftwagen (680M) hat die Modellreihe 880 keinen Bezug.

Steyr 880 des KONSUM.

Steyr 880.

Aufbauend auf dem 680 z Allrad beziehungsweise 680 zgk wurde ab Anfang der 1960er-Jahre die Allrad-Lastkraftwagen-Baureihe 680M für das Österreichische Bundesheer entwickelt, die die vorhandenen leistungsschwachen Steyr 580 g Allrad ablösen sollte. Somit hatte das Bundesheer den Vorteil, auf ein bereits bewährtes Fahrzeug auf dem zivilen Markt zurückgreifen zu können, als die Erprobungen für den Steyr 680M beziehungsweise des dreiachsigen 680 M3 aufgenommen wurden. Allerdings war seine Einführung im Bundesheer alles andere als eine „gmahde Wiesn“. Es gab immer wieder eine Reihe von Beanstandungen beziehungsweise sogar Ablehnung. Im Lauf der Jahre – genauer gesagt hatte er dazu fast 40 Jahre Zeit – sollte sich der 680er aber neben Haflinger und Pinzgauer als das wohl bekannteste Militärfahrzeug Österreichs etablieren, mit dem jeder im Bundesheer – egal ob als Aktiver oder Reservist, als Offizier, Unteroffizier, Charge oder Wehrmann – seine Bekanntschaft machen musste.

Zur wirtschaftlichen Situation der Steyr-Werke

Nach dem Zweiten Weltkrieg war Österreich jenes Land in Europa, das sofort mit dem Aufbau und der Produktion von Lastkraftwagen begann. Dadurch sind auch die hohen Exporte nach Deutschland in den ersten Jahren nach dem Krieg zu erklären. Nach reiflicher Überlegung hatte man sich während der Besatzungszeit bei der Steyr-Daimler-Puch AG entschlossen, in Steyr vor allem Lastkraftwagen (und später Traktoren) zu fertigen. Personenkraftwagen wurden in dieser Zeit als entbehrlicher Luxus bewertet. Es war wichtiger, dem Transportwesen durch die Erzeugung von Lastkraftwagen auf die Beine zu helfen. Aufgrund dieser Entscheidung war es Steyr möglich, ein namhafter Lastkraftwagen-Hersteller zu werden.

Spätestens Anfang der 1960er-Jahre war erkennbar, dass eine Ausrichtung der Lastkraftwagen-Fertigung auf den Inlandsmarkt nicht mehr ausreichen wird, um die Produktion in Steyr langfristig abzusichern. Außerdem hatte sich die europäische Lastkraftwagen-Herstellerlandschaft verändert. Anzeichen dafür waren eine Liberalisierung des Handelsverkehrs, die Zunahme an Mitbewerbern sowie die sich abzeichnende Tendenz zu Kooperationen und Übernahmen.

Erst 1964 begannen bei Steyr Überlegungen hinsichtlich einer neuen Strategie. Eine Kooperation wurde aufgrund der guten Ertragslage der Lastkraftwagen-Fertigung weiterhin als entbehrlich angesehen. Der österreichische Markt schien Mitte der 1960er-Jahre noch aufnahmefähig genug, um die bestehenden Fertigungskapazitäten in Steyr auszulasten.

1966 wurde offenkundig, dass die Lastkraftwagen-Produktion in Steyr insbesondere aufgrund der hohen Fertigungskosten großteils nicht mehr wettbewerbsfähig war. Vor allem die Auslandsgeschäfte waren davon betroffen. In diesem Jahr kam es im Lastkraftwagen-Sektor zu einem massiven Ertragseinbruch. Während in den Jahren davor noch erhebliche Gewinne erwirtschaftet werden konnten, drohte nun die Gefahr, dass die Produktion kurzfristig in die Verlustzone abrutschen könnte.

1967 war klar, dass man ohne strategische Allianz im Wettbewerb gegen die ausländischen Mitbewerber Lastkraftwagen nicht mehr kostendeckend produzieren konnte. Sogar im Inland war ein Verkauf zu Vollkosten nicht mehr möglich, im Exportgeschäft hatte sich der Preisdruck aufgrund der europaweit bestehenden Überkapazitäten weiter verschärft. Nun wurden Gespräche mit möglichen Kooperationspartnern intensiviert – letztlich ohne Ergebnis.

Der Auftrag zur Produktion des 680ers für das heimische Militär wird sicherlich zur rechten Zeit gekommen sein, um zu einer Entlastung der angespannten wirtschaftlichen Lage bei Steyr beizutragen.

Im Jänner 1969 sollte dann für die schweizerische Armee, bei der ebenfalls Bedarf für ein solches Fahrzeug bestand, die Produktion des Steyr-Militär-Lastkraftwagens unter der Bezeichnung A 680 G Allrad anlaufen. Mit Griechenland folgte schließlich noch ein weiterer Abnehmer des Heeres-Lastkraftwagens.

Die Entwicklung der Baureihe 680M

1962 bis 1963 wurde von der Steyr-Daimler-Puch AG ein Prototyp unter der Bezeichnung 680M gebaut und vom Bundesheer zur Truppenerprobung in den Bestand übernommen. Dieses Fahrzeug wurde an die Kraftfahrzeuganstalt Wien geliefert und sollte in einem nächsten Schritt mittels Leihschein an die Heereskraftfahrschule übergeben werden.

Ende März 1963 begann die Truppenerprobung des „geländegängigen Lastkraftwagens Steyr-Diesel 680M“ im Sinne der Beschlüsse der MotKommision. Zu diesem Zweck war ein Versuchsprogramm erstellt worden. Es sollten mit dem 680er 30.000 Kilometer zurückgelegt werden und die Fahreigenschaften sowie die Leistungsgrenzen im Vergleich zum gl LKW Steyr-Diesel 480M und GMC (beim GMC kamen mehrere Modelle zum Einsatz; siehe Abbildungen) ermittelt werden, wobei neben anderen folgende Fragen zu klären waren:

Ist der 680M ein brauchbarer und vollwertiger Ersatz des GMC und kann er diesen vor allem als Gefechtsfahrzeug in allen wichtigen Truppenverwendungen ablösen?

Ist der 680M als Gefechtsfahrzeug gleich gut oder besser als der 480er, sodass er sowohl als Gefechtsfahrzeug als auch als Transportfahrzeug im Nachschubdienst eingesetzt werden kann?

Wie groß ist der materielle Mehraufwand beim 680er gegenüber dem 480er, und inwieweit sind seine Mehrkosten durch bessere Fahrleistungen, höhere Transportleistungen und Zugleistungen sowie eine größere Fahrsicherheit und zweckmäßigere technische Ausstattung gerechtfertigt?

Gefordert wurden Verbesserungen am Fahrgestell sowie je nach Verwendungszweck unterschiedliche Aufbauten in die Überlegungen einzubeziehen.

Bei den Fahreigenschaften und Leistungsgrenzen nahm man die Straßenlage und Wendigkeit, das Steigvermögen und Überschreitvermögen von Gräben, Bergkuppen sowie Dammkronen, weiters das Watvermögen, die Fahrleistungen auf nassen Wiesen, sumpfigem Untergrund sowie schlammigen Rollbahnen und die Zugleistung auf Straßen sowie im Gelände ins Visier.

Bei der Beurteilung aller technischen Belange ging es um die Haltbarkeit, den Verschleiß und die Reparaturanfälligkeit des gesamten Fahrzeugs, die Zweckmäßigkeit aller Bedienungs- und Kontrolleinrichtungen, die leichte Durchführbarkeit der I-Stufe 1a sowie der übrigen Truppeninstandsetzung, die Verwendungsmöglichkeit von Schneeketten sowie die Ausstattung und Funktion der Seilwinde des 480M.

Erster Prototyp des Steyr 680M, Vorder- und Seitenansicht.

Seitenansicht rechts.

Heck- und Seitenansicht.

Seitenansicht links.

Steyr 680M mit den beiden Vergleichsfahrzeugen Steyr 480M und GMC mit geschlossenem Fahrerhaus von vorn (auf den folgenden Fotos ist jeweils der erste Prototyp des Steyr 680M mit dem Kennzeichen W 176.655 abgebildet).

Steyr 680M mit den beiden Vergleichsfahrzeugen Steyr 480M und GMC von hinten.

Die beiden Steyr-Fahrzeuge von vorn.

Nochmals die beiden Steyr-Fahrzeuge mit einem Stabswachtmeister in der Mitte.

Um herauszufinden, ob der 680er in der Lage war, den GMC als Gefechtsfahrzeug zu ersetzen, wurden Gruppenversuche an einzelnen Waffenschulen (Jäger-, Artillerie- und Pioniertruppenschule) veranlasst. Bei diesen Erprobungen konnten sich die einzelnen Waffeninspektoren zum 680er äußern.

Die Versuchsabteilung der Heereskraftfahrschule sollte übrigens durch drei zeitverpflichtete Soldaten-Kraftfahrer und fünf präsenzdienstleistende Grundwehrdiener mit einschlägiger Berufserfahrung verstärkt werden.

Bis zum 31. Mai 1963 hatte das Kommando der Heereskraftfahrschule dem Bundesministerium für Landesverteidigung einen ersten Zwischenbericht und bis 31. Juli 1963 einen zusammenfassenden Erprobungsbericht in dreifacher Ausführung vorzulegen. Zur Veranschaulichung von Versuchsergebnissen und aufgetretenen Mängeln und Schäden war die Heereslichtbildstelle heranzuziehen.

Das Erprobungsprogramm sah zunächst das Einfahren im Flach- und Hügelland ohne Beladung für eine Fahrstrecke von 3000 Kilometern vor. Zugleich sollten die I-Stufe 1a und das Pflichtservice absolviert werden. Dieses Programm war durch die Heereskraftfahrschule im Raum Niederösterreich und Burgenland durchzuführen.

Als Nächstes stand die Ermittlung der Fahreigenschaften, Leistungsgrenzen und Verbrauchswerte am Programm. Hier musste sich der Steyr gegenüber dem GMC als Vergleichsfahrzeug bewähren. Diese Tätigkeiten wurden in Niederösterreich, Burgenland und der Steiermark sowie an den Truppenübungsplätzen Bruck an der Leitha, Allentsteig und Seetaler Alpe abgespult. An den genannten Plätzen wurden die Fahreigenschaften mit folgenden Zuglasten ermittelt: mit dem einachsigen 1-Tonnen-Anhänger, der leichten Feldhaubitze bei Beladung mit 3 Tonnen Nutzlast im Vergleich zum GMC sowie mit einem zweiachsigen 3,5-Tonnen-Anhänger im Vergleich zum Steyr-Diesel 480M. Durchzuführen war auch die I-Stufe 1a und abschließend die große Inspektion.

Danach erfolgten die Verwendungen bei den Versuchsgruppen der Jägerschule, der Artillerieschule, der Pioniertruppenschule und dem Versorgungsregiment 2. Auch dabei wurden mit dem 480er und dem GMC Vergleichstests durchgeführt. Bevorzugtes Erprobungsgelände waren das Hochgebirge, das Waldgelände und das Flussufer. Im Anschluss daran war wieder die Heereskraftfahrschule am Zug. Sie musste den technischen Verschleiß, alle Mängel und alle notwendigen Änderungen und Verbesserungen feststellen. Schließlich erfolgte die Fortsetzung des Fahrbetriebes im Truppenfahrbetrieb durch das Jägerbataillon 25 und das Versorgungsregiment 2 am Truppenübungsplatz Allentsteig.

Das dienstzugeteilte Hilfspersonal traf erst am 16. April 1963 in der Heereskraftfahrschule ein. Insgesamt waren es elf Mann, die vom Jägerbataillon 2, den Versorgungsregimentern 1, 2 und 3 sowie vom Fliegerhorst Langenlebarn stammten; sieben waren Präsenzdiener.

Die folgenden Fotos stammen alle vom Truppenübungsplatz Bruck an der Leitha.
GMC mit geschlossenem Fahrerhaus und kurzem Radstand sowie leichter Feldhaubitze 10,5 cm M2 und aufgesessener Mannschaft zur Erprobung am Truppenübungsplatz Bruck an der Leitha.

Steyr 480M mit leichter Feldhaubitze vor interessiertem „Publikum".

Steyr 680M mit leichter Feldhaubitze.

Steyr 680M mit angehängter leichter Feldhaubitze. Im Hintergrund sind ein Jeep und zwei Puch Haflinger abgestellt.

Abgeprotzte leichte Feldhaubitze 10,5 cm M2. Im Hintergrund ist links ein VW-Bus und rechts ein GMC zu erkennen.

Steyr 680M beim Erklimmen einer Steigung während der Erprobung der leichten Feldhaubitze.

Steyr 480M vor interessierten Zuschauern.

GMC mit geschlossenem Fahrerhaus und kurzem Radstand bei der Erprobung der leichten Feldhaubitze vor begutachtenden Fachleuten.

Steyr 680M mit leichter Feldhaubitze.

Steyr 680M mit leichter Feldhaubitze auf einer Steigung.

Die Erprobung läuft an

Eine erste Beurteilung des Steyr-Diesel 680M ist dem ersten Zwischenbericht vom 10. Juni 1963 zu entnehmen. Der Lastkraftwagen wurde bis 3000 Kilometer auf Straßen ohne Beladung eingefahren und dann mit einer Teilbeladung bis zum letzten Pflichtservice bei 4000 Kilometern im Flach- und Hügelland bewegt. Nach der Absolvierung der 4000 Kilometer wurde der 680M im Vergleich zum 480M und dem GMC auf Straßen und im Gelände hinsichtlich Geländegängigkeit, Wendigkeit, Leistung und Verbrauch erprobt und dem normalen Pflege- und Wartungsdienst der Truppe unterzogen. Einschließlich der großen Inspektion haben sich bei letzteren Tätigkeiten keinerlei Schwierigkeiten ergeben. Am 6. Juni 1963, also vier Tage vor der Legung des ersten Zwischenberichts, fand bereits eine Besprechung mit Technikern der Steyr-Werke statt, bei der die folgenden Probleme angesprochen wurden.

So viel sei schon vorweggenommen: Beim Vergleich des 680ers mit dem 480er und dem GMC war Ersterer in Bezug auf Leistung, Schnelligkeit, Beschleunigungsvermögen und Wirtschaftlichkeit seinen beiden Konkurrenten weit überlegen. Allerdings erwies sich der 480er hinsichtlich des Aufbaus, was Form und Höhe betraf, als wesentlich vorteilhafter. Auf weichem, tiefem unbefestigten Boden und auf nassen Wiesen konnte der GMC seine dritte Achse und den dadurch geringeren Bodendruck als Trumpfkarte gegenüber den beiden Steyr-Lastkraftwagen ausspielen. Gerade solche Geländeverhältnisse fand vor allem die Artillerie beim Einfahren in die Feuerstellung vor. Auf trockenem, griffigem Boden konnte der 480M mit einer angehängten leichten Feldhaubitze 10,5 cm leistungsmäßig mit dem GMC (ebenfalls mit einer leichten Feldhaubitze) gleichziehen. Aufgrund seiner größeren Motorleistung konnte der 680er das Manko beim Ziehen einer leichten Feldhaubitze ausgleichen beziehungsweise konnte er die fehlende dritte Achse auf trockenen, griffigen Steigungen mit der Differentialsperre ausgleichen. Die Steyr-Lastkraftwagen mussten bei ungünstigen Geländeverhältnissen entweder mit der Seilwinde herausgezogen oder durch einen GMC geborgen werden. Damit schieden die beiden Steyr-Lastkraftwagen in dieser Ausführung für die Artillerie logischerweise aus. Bei Bodenfreiheit, Leistung und Verbrauch hatte der 680M die Nase voran.

Natürlich gab es auch Beanstandungen. Die an der Kanisterhalterung angebrachten Gummischürzen waren bereits im normalen Straßenfahrbetrieb abgerissen. Es wurde festgestellt, dass Schneeketten, die sich im Fahrbetrieb lo-

Die folgenden Fotos stammen vom Truppenübungsplatz Bruck an der Leitha.

GMC in tiefer Spurrinne.

Steyr 480M in tiefer Spurrinne, aus der sich das Fahrzeug mithilfe der Seilwinde vorwärts bewegt.

Steyr 480M in derselben tiefen Spurrinne. Die Seilwinde ist noch eingepackt.

Steyr 680M erklimmt eine Anhöhe.

Steyr 680M. Ansicht der Bodenfreiheit.

ckern, zwangsläufig zu Schäden an Ketten und Fahrzeug führen würden. Die Bedienung der Anhängerkupplung war durch das weit überragende Plateau schwierig und gefährlich. Es wurde das Fehlen einer hinteren Stoßstange angemerkt. Das Schalten des ersten Ganges war durch den Handbremshebel erschwert. Die Federn wurden im teilbelasteten Fahrzeug als zu hart kritisiert. Die Art der Federaufhängung und die übergroße Belastung der Vorderachse führten bei Vollbremsungen zum Abheben der Hinterräder und zu starken Rüttelerscheinungen an der Hinterachse. Der große Achsdruck vorn sorgte bei Vollbeladung für eine übermäßige Schwergängigkeit der Lenkung. Der Einfüllstutzen des Kraftstofftanks erwies sich für eine Betankung durch Kanister als nicht geeignet. Auch mit der Seilwinde trat eine Reihe von Problemen auf.

Bei der großen Inspektion (10.000 Kilometer) wurden abnormale Verschleißerscheinungen an beiden Kardanwellen, am Lenkzwischenhebel, Lüfterkeilriemen und den Vorderreifen festgestellt.

Letztlich lautete die Forderung, die schweren Mängel abzustellen. Dazu zählten der große Verschleiß der Kardanwellen, eine Verbesserung der Lagerung des Lenkzwischenhebels, eine Vermeidung der zu großen Vorderachsbelastung, um eine Leichtgängigkeit der Lenkung und einen geringeren Reifenverschleiß der Vorderräder zu erreichen, eine Beseitigung der zu harten hinteren Federn im Teillastbereich, genügend Platz für die Verwendung von Schneeketten, eine Versetzung des Tankstutzens, eine Möglichkeit zur Versorgung der Planenspriegel bei abgeplantem Verdeck, die Anbringung von Puffern in Stoßstangenhöhe, um ein Anschieben des Fahrzeugs zu ermöglichen, und schließlich die Forderung nach einer Verlängerung des Rahmens und einer weiter herausragenden Anhängekupplung.

Es zeigte sich, dass alle drei Fahrzeuge ihre Verdienste hatten. Wie bereits vorhin erwähnt, war der 680M für die Artillerie nicht brauchbar, auch wenn er sonst dem GMC gleichwertig beziehungsweise überlegen war. Der 680M war gegenüber dem 480M fahrleistungsmäßig klar überlegen, hinsichtlich der Form des Aufbaus als Gefechtsfahrzeug erwies sich der 480er jedoch als das zweckmäßigere Fahrzeug.

Ein richtungsweisender Erlass

Am 29. Mai 1963 fand bei der Heereskraftfahrschule in Baden eine Vorführung des 680ers vor dem Bundesminister für Landesverteidigung Karl Schleinzer statt, der die Fortführung der Erprobung genehmigte. Hätte es Gründe gegeben, die Erprobung einzustellen? Liest man den Bericht zur Vorführung, gewinnt man nicht diesen Eindruck. Zunächst wird eine Typenbereinigung auf dem Lastkraftwagen-Sektor angesprochen, das heißt ein Ersatz der nicht mehr erzeugten GMC und Dodge. Dann wird auf die Beschaffung eines Grundtyps hingewiesen, der auch im zivilen Bereich Verwendung findet, um die Mobilmachung zu erleichtern, was auf den Steyr-Diesel 680 hindeuten würde. Es war klar, dass die heimische Industrie zum Zug kommen sollte. Dabei hatte man aufgrund der Leistungsfähigkeit des Unternehmens die Firma Steyr im Auge. In dem Papier wird schließlich ein Forderungskatalog („Pflichtenheft“) an den künftigen Lastkraftwagen definiert, der als Erlass für die weitere Erprobung richtungsweisend wurde. Folgende Forderungen wurden gestellt:

Allgemein

Das künftige Fahrzeug sollte geeignet sein: für den Mannschaftstransport, den Nachschub, als Werkstattfahrzeug, für Spezialaufgaben (zum Beispiel mit Kommando-Koffer, einem Kran der Firma HIAB, Tankwagen usw.) und für den Fahrschulbetrieb mit Doppelkabine.

Taktisch

Eine entsprechende Größe, damit bei den Kampftruppen kein Anhänger mitgeführt werden musste, ein schnelles Verlassen des Kraftfahrzeugs sollte gewährleistet sein, Luftbeobachtung und Fliegerabwehr während der Fahrt und bei Beladung, die Windschutzscheibe sollte sich leicht verdecken lassen (ein Aufklappen der Frontscheibe(n) war nicht Bedingung), und das Fahrzeug sollte auf feuchtem Grund und bei Schnee durchschnittlich geländegängig sein.

Forderung der Versorgung

Die Wartung sollte einfach und mit dem Bordwerkzeug durchführbar sein, eine Sicherstellung der Ersatzteilversorgung für zehn Jahre gegeben sowie die Verwendung des im Bundesheer eingeführten Einheitsöls und Einheitsfetts möglich sein. Die Bordwände sollten nach hinten und nach den Seiten klappbar und die Anhängekupplungen sowie die Anschlüsse der Elektrik und Bremse des Bundesheeres verwendbar sein.

Finanziell wurde der Rahmen sehr eng gesteckt. Im Wesentlichen sollten keine Änderungen vorgenommen werden, außer es würden sich dadurch erhebliche Vorteile ergeben. Die weitere Erprobung hatte daher gemäß den vorhin angeführten Forderungen zu erfolgen.

Der Juni 1963 war für die Versuchsgruppe der Heereskraftfahrschule mit einem dichten Programm versehen, an dem der Steyr-Diesel 680M, ein 480M und ein Jeep als Begleitfahrzeug teilnahmen. Vom 17. bis 19. Juni ging es zunächst auf den Truppenübungsplatz Seetaler Alpe. Am 19. Juni erfolgte die Abfahrt nach Spittal an der Drau. Vom 20. bis 21. Juni wurde eine Erprobungsfahrt auf den Katschberg und auf die Turracher Höhe absolviert. Am 22. Juni ging es von Spittal an der Drau nach Saalfelden. Der 23. Juni war ein Ruhetag. Vom 24. bis 28. Juni wurden Erprobungsfahrten in Saalfelden unternommen. Am 29. Juni 1963 wurde dann schließlich die Heimreise nach Baden angetreten.

Der zweite Zwischenbericht vom 8. Juli 1963 gibt die Erkenntnisse wieder, die man bei den im Juni 1963 absolvierten Versuchsfahrten über das Gaberl, am Truppenübungsplatz Seetaler Alpe, über den Katschberg und auf der Glocknerstraße sowie beim Einsatz des Fahrzeugs an der Jägerschule Saalfelden gewonnen hatte.

Bei den Straßenfahrten war ein 3,5-Tonnen-Anhänger mitgeführt worden. Das Zugfahrzeug und der Anhänger waren jeweils mit der größten Nutzlast (6 Tonnen und 3,5 Tonnen) beladen gewesen. Bei den Bergstraßenfahrten

Dieses und die beiden folgenden Fotos entstanden auf dem Truppenübungsplatz Seetaler Alpe.
GMC mit geschlossenem Fahrerhaus und langem Radstand auf dem Truppenübungsplatz Seetaler Alpe. Im Hintergrund der Steyr 680M und ein Jeep.

auf dem Gaberl, am Katschberg und bei der Auffahrt zum Truppenübungsplatz Seetaler Alpe hatten sich bezüglich des Motors keine Mängel gezeigt. Bei langen Steigungen war der Kraftstoffverbrauch allerdings auf 45 Liter/100 Kilometer gestiegen. Auf weniger bergigen Straßen war der Verbrauch bei 29 Liter/100 Kilometer geblieben. Zur Überprüfung der Steigleistung war am Truppenübungsplatz Seetaler Alpe in der Auffahrt zur Winterleitenhütte eine Steigung von 32 Prozent mit einem Gesamtgewicht von 21,4 Tonnen mit noch vorhandener Kraftreserve bewältigt worden. Von dem mit 6 Tonnen beladenen 680er waren ein GMC und zwei Dodge gezogen worden.

An der Jägerschule Saalfelden erwies sich der GMC bei schwerem Boden mit seiner dritten Achse dem 680M neuerlich als überlegen. Der 680er verfügte eindeutig über eine größere Wendigkeit gegenüber dem GMC. Der GMC punktete bei Ortsdurchfahrten mit vorspringenden Dachkanten, weil er schmäler als der Steyr war. Der 680er konnte nur knapp und mit Mühe durchkommen. Eine Forderung waren Rammbalken, da der Steyr beim Befahren eines Waldstücks abgerutscht war und dabei die Planenhaken und Bordwandstreben beschädigt worden waren. Beim Befahren schmaler Wald- und Gebirgswege sollten die Außenräder der Zwillingsbereifung abmontierbar sein. Hinsichtlich der Belastung würde mit vier Reifen bei meist geringer Belastung oder dem Mannschaftstransport kein Problem bestehen. Weiters wurde das Platzangebot der Ladepritsche bemängelt, weil für den 17. Mann der Platz nicht ausreichte. Für ein gefechtsmäßiges Absitzen waren die seitlichen Bordwände zu hoch, was bereits beim Abspringen den Ausfall eines Teils der Besatzung verursachen würde. Beim Befahren von schlechten Straßen aufgrund der Verwindung des Fahrzeugs und der lockeren Aufhängung des Führerhauses kam es vor, dass der Geländegang herausgedrückt wurde. Auch das Nichtaufklappen der Windschutzscheibe wurde kritisiert.

Noch im Juli 1963 führten die Steyr-Werke verschiedene Arbeiten am 680er durch. Diese betrafen den Austausch der Gelenkwellen, ebenso wurden Tellerrad sowie Triebling erneuert und die Zwischenhebel für das Lenkgetriebe sowie die Lagerbüchsen und Einstellscheiben ausgetauscht. Das Herausspringen des Geländeganges behob man durch die Anbringung des Umlenkhebels am Verteilergetriebe, bei den Hinterradbremsen wurden kleinere Radbremszylinder montiert, um das Bremsverhalten bei Leerfahrt zu verbessern. Bei der anschließenden Probefahrt am Werksgelände wurde festgestellt, dass bei starken Schwankungen des Führerhauses die Pedalstößel von Kupplung und Bremse kollidierten. Durch eine Vergrößerung der Durchtrittsöffnungen wurde Abhilfe geschaffen.

Nach Absolvierung von 14.000 Kilometern wurden im Juli 1963 der Führung des Bundesministeriums für Landes-

Steyr 680M. Im Hintergrund ein Jeep.

Steyr 680M, der einen GMC und zwei 3/4-Tonnen-Dodge zwecks Überprüfung des Lastzuggewichts von 20 Tonnen im ersten Geländegang zieht.

verteidigung folgende Feststellungen über den Steyr-Diesel 680M mitgeteilt: starker Reifenverschleiß und Schwergängigkeit der Lenkung, Kopflastigkeit des Fahrzeugs, starker Verschleiß des Vorder- und Hinterachsantriebs. Beim Fahren mit geringer Last eine zu harte Federung, Unterbringung von 17 Mann einschließlich Waffen, Munition und Gepäck auf der Ladepritsche. Die Ladepritsche sollte tiefer liegen, um bessere Einsatzbedingungen für die gefechtsmäßig aufgesessene Infanterie zu bieten, Anbringung von Gleitschienen (Rammbalken) an den Außenseiten der Bordwände. Abschließend wurde festgestellt, dass der 680M trotz seiner beachtlichen Vorteile insbesondere für den Einsatz als Gefechtsfahrzeug noch nicht genügend truppenbrauchbar sei.

Der dritte Zwischenbericht wurde der Führungsebene des Bundesministeriums für Landesverteidigung am 6. September 1963 zur Kenntnis gebracht. Inzwischen waren 26.429 Kilometer zurückgelegt worden.

Bei 20.000 Kilometern waren sämtliche Reifen abgefahren. Der verhältnismäßig hohe Reifenverschleiß war vor allem an der stark belasteten Vorderachse aufgetreten. Im weiteren Verlauf der Erprobung waren folgende Fragen zu klären: Treten am Motor, an der Kraftübertragung und am Fahrgestell weitere Mängel und außergewöhnliche Verschleißerscheinungen auf? Entspricht die Seilwinde? Wie verhält sich das Fahrzeug bei winterlichen Fahrverhältnissen? Welche Forderungen militärischer Natur werden an den Pritschenaufbau und das Führerhaus gestellt?

Dieses und die folgenden Fotos wurden in der Jägerschule Saalfelden aufgenommen. Steyr 680M mit aufgesessener Mannschaft.

Absitzen über die geschlossene Bordwand.

Drei Mann sitzen über die geschlossene Bordwand ab. Die Bewaffnung der Mannschaft ist das Sturmgewehr 58, das in Lizenz von der belgischen Firma Fabrique Nationale d’Armes de Guerre bei Steyr gefertigt wurde.

Mit einem kühnen Sprung und mit dem Maschinengewehr 42 wird abgesessen.

Vorbereitung zum Sprung mit dem Maschinengewehr 42.

Blick auf Waffen und Ausrüstung.

Geländeerprobung des Steyr 680M mit aufgesessener Truppe.

Im Gelände unterwegs.

Der Steyr 680M in der Bergauffahrt mit aufgesessener Mannschaft.

Am Ziel. Neben der Hütte ein Jeep.

Einweisung des Fahrers des Steyr 680M. Bei dem Fahrzeug rechts im Hintergrund handelt es sich um einen GMC.

GMC mit offenem Fahrerhaus der Jägerschule Saalfelden bei einer engen Ortsdurchfahrt.

Der Steyr 680M an derselben Stelle, die nur äußerst knapp bewältigt werden konnte.

Steyr 680M bei der Durchfahrt eines eng verbauten Tiroler Dorfes.

Das Befahren schmaler Wald- und Gebirgswege gehörte ebenfalls zum Erprobungsprogramm des Steyr 680M.

Aufgesessene Truppe am Steyr 680M.

Auch Engstellen im Wald müssen mit dem Steyr 680M genommen werden.

Wieder eine Walddurchfahrt.

Gerade noch geschafft.

Ein Blick von hinten auf die Soldaten im Tarnanzug. Gut erkennbar das Sturmgewehr 58 und das Maschinengewehr 42.

Aufgesessen und abfahrbereit.

Fortsetzung der Truppenerprobung mit verbesserten Prototyp-Ausführungen

Am 17. Jänner 1964 wurden von der Heereskraftfahrschule drei Versuchsfahrzeuge des Steyr-Diesel 680M übernommen. Während der Einfahrzeit (bis 3000 Kilometer) fuhr man auf Straßen im Flachland mit einer Beladung von etwa 2 Tonnen. Nach 800 Kilometern wurde die erste und nach 3000 Kilometern die zweite Pflichtüberprüfung in der Steyr-Werkstätte in Wien 10, Laxenburgerstraße, durchgeführt.

Nach der zweiten Pflichtüberprüfung wurden die drei Fahrzeuge auf dem Rollenprüfstand der Kraftfahrzeuganstalt Wien getestet. Das Fahrzeug mit dem Kennzeichen W 176.451 zeigte abnormal starke Geräusche im Verteilergetriebe, das durch ein neues ersetzt wurde. Als Ursache für die Lärmentwicklung wurden sehr raue und narbige Zahnradoberflächen festgestellt. Nach der Überprüfung auf dem Rollenprüfstand wurde das Fahrzeug mit dem Kennzeichen W 176.454 zum Karosseriebauunternehmen Rohrbacher überstellt, um notwendige Änderungen am Plateau, der Sitzbankausführung, den Auftritten, der Reserveradhalterung und der Planenversorgung durchzuführen. Diese Arbeiten standen bei Legung des ersten Zwischenberichts vom 14. März 1964 vor dem Abschluss. Mit den beiden anderen Lastkraftwagen wurde zu diesem Termin ein Stand von rund 12.000 Kilometern erreicht.

In dieser Zeit hatten sich einige Beanstandungen ergeben: Der Wendekreisradius betrug 8 Meter gegenüber 7,4 Meter beim ersten Prototyp. Die Bodenfreiheit war von 330 Millimeter auf 250 Millimeter gesunken. Das Verhalten bei Notbremsungen hatte sich gegenüber dem ersten Prototyp verbessert. Mit der Lenkung war man weiterhin unzufrieden (schwergängig), der Einbau einer Servolenkung in eines der Versuchsfahrzeuge wurde angeregt. Außerdem war die vom Werk angegebene zulässige Vorderachsbelastung von 4000 Kilo um 230 Kilo überschritten worden. Mit der Federung, die nun weicher war, zeigte man sich zufrieden. Beim Führerhaus wurden einige Punkte wie Griffe zum Anhalten beim Besteigen des Fahrzeugs sowie eine Verlegung der Waffenhalterungen an die Rückwand angeregt. Bei der Windschutzscheibe wünschte man sich eine nach unten ausstellbare, ungeteilte Scheibe. Die Mammutbereifung hatte sich bei den Geländefahrten als unbrauchbar und im nassen Gelände als zu wenig griffig erwiesen. Die Reserveradhalterung war völlig unbrauchbar. Die vordere Stoßstange entsprach, das Schutzgitter war aber zu knapp vor der Kühlermaske, sodass es sich beim Anschieben verbogen hatte. Die hinteren Puffer hatten beim Anschieben nachgegeben und sich verformt. Die Verwendung von Schneeketten an den Hinterrädern war nun möglich, Glühstiftkerzen anstelle des Thermostarts hatten sich als besser erwiesen, sodass bis minus 15 Grad keine Startschwierigkeiten aufgetreten waren. Bei der Durchführung der I-Stufe sowie der kleinen und großen Inspektion waren keine Schwierigkeiten festgestellt worden. Alle wichtigen Aggregate, Füll- und Kontrollöffnungen waren leicht zugänglich. Das Schanzzeug über dem Kraftstofftank war einer starken Verschmutzung ausgesetzt – es wurde dessen Verlegung angeregt. Auch die Versorgung des Verdecks war noch nicht zur völligen Zufriedenheit gelöst.

Aufgetretene Schäden: ein Bruch der Spannrolle für den Wasserpumpenantrieb bei 5991 Kilometern am Fahrzeug mit dem Kennzeichen W 176.451. Bei den Fahrzeugen mit den Kennzeichen W 176.451 und W 176.453 waren die Anlassergehäuse am Befestigungsflansch gebrochen, ein Ausschalten der Ausgleichssperre war durch Verschmutzung und Rostbildung nicht mehr möglich, die Handbremsseilzüge sollten mit Schmiernippeln versehen werden, die Kotbleche und Gummischürzen waren im Gelände beschädigt worden, weil sie zu lang waren beziehungsweise die Gummiqualität schlecht war. Das Zündschloss hatte sich als sehr störungsanfällig erwiesen, das Lampenmaterial war durchwegs minderwertig, die diversen Schlösser hatten sich nach kurzer Verwendungsdauer nicht mehr sperren lassen.

Zwischenbericht vom April 1964

Der zweite Zwischenbericht beschrieb die Vorkommnisse bis zum 17. April 1964. Zwischen dem ersten und zweiten Zwischenbericht wurden mit nur zwei Fahrzeugen etwa 7000 Kilometer zurückgelegt. 1000 Kilometer absolvierte man vom 6. bis 11. April 1964 am Truppenübungsplatz Bruck an der Leitha durchgehend im Gelände.

Folgende Schäden und Mängel wurden danach festgestellt: Zwei Plateauquerträger waren an den Knoten eingerissen, beim Fahrzeug mit dem Kennzeichen W 176.451 sogar gebrochen. Die Schnappverschlüsse des Ölbadluftfilters entsprachen nicht, denn diese hatten sich bei Geländefahrten gelöst, die Filterschale sowie der Einsatz waren verloren gegangen. Die Ansaugöffnung zum Ölbadluftfilter rechts vom Kühler sollte höher angeordnet werden, um das Ansaugen von Wasser beim Durchfurten zu verhindern. Bei beiden Fahrzeugen waren die Anlassergehäuse eingedrückt. Fahrversuche bei Nacht hatten den großen Vorteil der ausstellbaren Windschutzscheibe

Steyr 680M der zweiten Tranche zur Erprobung (ursprüngliches Kennzeichen W 176.453, später BH 76453). Dieses Fahrzeug, das sich heute in Privatbesitz befindet, unterscheidet sich noch von jenen der Serienfertigung (siehe die folgenden Fotos).

Blick auf die linke Fahrzeugseite.

Das Fahrzeug aus einem anderen Blickwinkel.

Blick auf die Frontscheibe, die bereits geteilt ist.

Werkzeugkasten.

Bordwand.

Heck.

Lüftungsgitter (ähnlich jenem der Serienfertigung).

Kühlergrill (fast wie in jener der Serienfertigung).

vor dem Fahrer bewiesen (das Gelände war viel besser erkennbar als bei geschlossener Scheibe). Die Ausführung des Tarnscheinwerfers war unzureichend (dieser war abgebrochen). Die Differentialentlüftung mit hochgezogenem Gummischlauch war nicht brauchbar (der Schlauch war so ungünstig montiert, dass er abgequetscht worden war). Die Scharniere des Motorraumdeckels waren an einem Fahrzeug ausgerissen. Beim Fahrzeug mit dem Kennzeichen W 176.451 hatte sich die Handbremswelle im Servogerät verrieben (Handbremse und Fußbremse waren dadurch hängen geblieben). Die Auftritte waren bei den Geländefahrten stark deformiert worden. Das Ansaugrohr zwischen Luftpresser und Ansaugkrümmer war beim Fahrzeug mit dem Kennzeichen W 176.453 gebrochen (als Abhilfe wurde eine Schlauchverbindung vorgeschlagen). Die Befestigungsschrauben der Bordwandbretter waren verloren gegangen (die Holzschrauben hatten sich als ungeeignet erwiesen). Beim Scheibenwischermotor des Fahrzeugs mit dem Kennzeichen W 176.451 war es durch schlecht isolierte Durchführungen und unzureichend isolierte Kondensatoren zu einer Reihe von Kurzschlüssen gekommen. Der Werkzeugkasten war ohne richtige Versteifung, die Deckelscharniere waren eingerissen. Stoßstangen und Bugsierbügel waren nicht richtig aufeinander abgestimmt. Die Kanisterhalterung war im Gelände leicht beschädigt worden. Die Lenkung am Fahrzeug mit dem Kennzeichen W 176.453 hatte nach 70 Geländestunden eine starke Schwergängigkeit gezeigt. Auch die Spureinstellung hatte sich verändert (Nachgeben der gekröpften Spurstange). Nach korrigierter Spureinstellung wurde die Lenkung jedoch nicht leichtgängiger.

Die Erfahrungen im Gelände mit dem 680er sorgten für eine Reihe von Änderungswünschen seitens des Bundesheeres an die Österreichischen Saurerwerke (Betriebsstätte Rohrbacher). Bei den insgesamt 14 Punkten handelte es sich um keine großen Änderungen, sondern um praktische Details wie die Montage eines Handgriffs oder eines Blechwinkels als Fußtritt.

Nun war die Truppe mit der Erprobung an der Reihe. Am 16. April 1964 übernahm das Jägerbataillon 2 in Eisenstadt den 680M mit dem Kennzeichen W 176.454 bei der Heereskraftfahrschule in Baden. An den darauffolgenden beiden Tagen erfolgte die technische und fahrtechnische Einweisung des Übernahmekommandos. Am 2. Juli 1964 legte das Kommando des Jägerbataillons 2 den Erprobungsbericht vor. Die volle vorgesehene Erprobungsdauer war dem Jägerbataillon allerdings nicht zur Verfügung gestanden, da vom 15. bis 25. Mai 1964 bei den Steyr-Werken eine neue Lenkung in das Fahrzeug eingebaut wurde.

Gerhard Blümel, ehemaliger Unteroffizier an der Heereskraftfahrschule, Ausbilder am 680er und später Leiter des Schwerlastbereichs

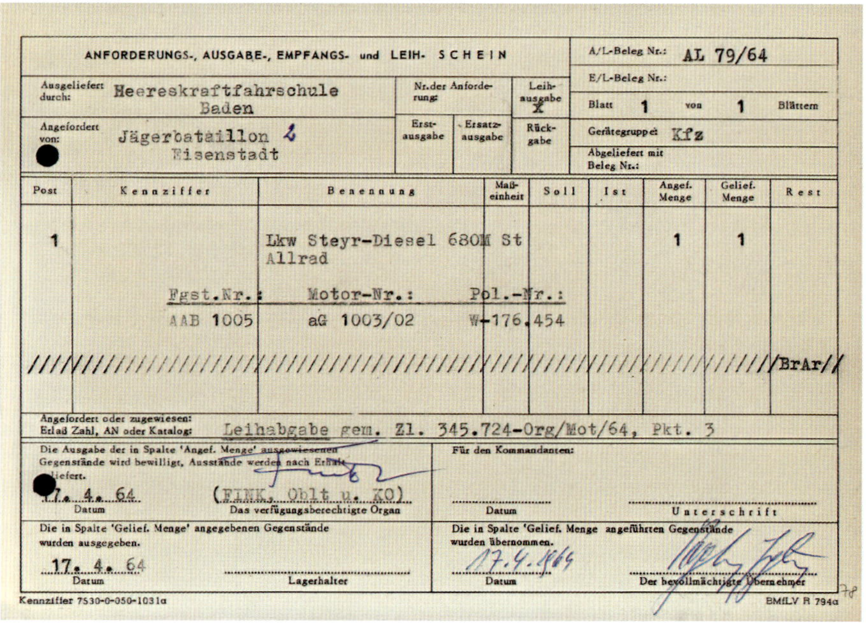

ANFORDERUNGS-, AUSGABE-, EMPFANGS- und LEIH- SCHEIN

A/L-Beleg Nr.: AL 79/64
E/L-Beleg Nr.:
Blatt 1 von 1 Blättern
Gerätegruppe: Kfz
Abgeliefert mit Beleg Nr.:

Ausgeliefert durch: Heereskraftfahrschule Baden
Angefordert von: Jägerbataillon 2 Eisenstadt
Nr. der Anforderung: | Erstausgabe | Ersatzausgabe | Leihausgabe X | Rückgabe

Post	Kennziffer	Benennung	Maßeinheit	Soll	Ist	Angef. Menge	Gelief. Menge	Rest
1		Lkw Steyr-Diesel 680M St Allrad Fgst.Nr.: AAB 1005 Motor-Nr.: aG 1003/02 Pol.-Nr.: W-176.454				1	1	

///BrAr//

Angefordert oder zugewiesen: Erlaß Zahl, AN oder Katalog: Leihabgabe gem. Zl. 345.724-Org/Mot/64, Pkt. 3

Die Ausgabe der in Spalte 'Angef. Menge' ausgewiesenen Gegenstände wird bewilligt, Ausstände werden nach Erhalt geliefert.
17. 4. 64 (Datum) — (FINK, Oblt u. KO) (Das verfügungsberechtigte Organ)

Für den Kommandanten:
Datum — Unterschrift

Die in Spalte 'Gelief. Menge' angegebenen Gegenstände wurden ausgegeben.
17. 4. 64 (Datum) — Lagerhalter

Die in Spalte 'Gelief. Menge' angeführten Gegenstände wurden übernommen.
17.4.1964 (Datum) — Der bevollmächtigte Übernehmer

Kennziffer 7530-0-050-1031a BMfLV R 794a

Leihgabeschein der Heereskraftfahrschule Baden an das Jägerbataillon Eisenstadt für den Steyr 680M (Kennzeichen W 176.454).

beim ÖAMTC, über das Fahrzeug: „Beim 680er fällt mir das Funktionelle ein und die Einfachheit an Technik, natürlich zulasten des Komforts. Das kann man mit einem heutigen Lastkraftwagen nicht vergleichen, denn durch diese Einfachheit hat es keine wirkliche Anfälligkeit für Störungen oder Reparaturen gegeben."

Während der Truppenerprobung wurde der Lastkraftwagen intensiv genutzt und von verschiedenen Kraftfahrern sowie dem Fahrausbildungspersonal gefahren. Der Steyr-Lastkraftwagen wurde den Offizieren des Bataillons und des Kommandos der 1. Jägerbrigade sowie dem Infanterieinspektor vorgeführt. Bei den Vorführungen kam es zu angeregten Diskussionen, die in den Erprobungsbericht einflossen.

Mit den Fahrleistungen (Motorleistung, Geländegängigkeit, Kraftreserve) zeigte man sich, was die Anforderungen eines Jägerbataillons betraf, vollauf zufrieden (siehe auch den Erprobungsbericht des Jägerbataillons 26). Der einzige Wermutstropfen war das Schönwetter während der gesamten Erprobungszeit, so konnte das Fahrzeug nicht auf nassem und tiefem Boden gefahren werden. Die Fahreigenschaften (wie die neue Lenkung, Straßenlage, Bremsen, die übersichtliche, handliche und einfache Bedienung, die sehr gute Sicht aus dem Führerhaus sowie die gute und nicht zu harte Federung) fanden ungeteilte Zustimmung. Lob und Zustimmung gab es in Bezug auf die Mittelbank, die den gefechtsmäßigen Einsatz gegenüber den Seitenbänken mit hohen Bordwänden erlaubte. So war ein seitliches Auf- und Absitzen möglich. Das Gepäck der Mannschaft konnte unter der Mittelbank untergebracht werden, wodurch es nicht hinderlich war. Das Gepäck eines Halbzugs und dessen Gerät konnten jedoch schwer unter der Mittelbank versorgt werden. Die Verdeckfrage und seine Unterbringung waren sinnvoll gelöst worden. Die Windschutzscheibe sollte bei Fahrten mit dem Tarnscheinwerfer oder dem Nachtmarschgerät, vor allem bei Regen, ausstellbar sein. Sorge bereitete das schwergängige Kupplungspedal. Bei schwächeren Fahrern waren Ermüdungserscheinungen im linken Bein aufgetreten, wenn häufiges Schalten notwendig gewesen war, weshalb nicht immer ausgekuppelt wurde. Die Fahrzeugpflege und -wartung nach I-Stufe Ia fand wenig Zustimmung; diese wäre beim 580 g (einem Haubenfahrzeug) einfacher. Beim 680er war der gesamte Motorraum nur von oben zugänglich und die Überprüfung der Aggregate umständlicher (Nachteil des Frontlenkers).

Schließlich wurden Änderungswünsche deponiert. Die Motorhaube sollte nach hinten zu öffnen, die Lenkung leichtgängiger sein, ebenso die Kupplung. Das Reserverad konnte von 40 Prozent der Fahrer nicht allein hochgehoben werden, die Führung der Planenbögen war unzweckmäßig, die Plane sollte geteilt werden. Weitere Kritikpunkte waren die Sitzbänke und die vordere Bordwand. Gefordert wurde eine Mitteltrennwand, die Auftritte an der hinteren Bordwand sollten ohne Fixierung sein. Weiters wünschte man sich Handgriffe zum Aufsitzen hinten und Auftritte vorn seitlich am Vorderteil des Plateaus. Bemängelt wurde, dass man an den derzeitigen Bordwänden keine Bordwandlafette für ein Maschinengewehr aufsetzen konnte.

Auch das Jägerbataillon 26 in Spittal an der Drau wurde mit einem 680er zur Erprobung beteilt. Sechs Wochen, von Juni bis Juli 1964, testete es den Lastkraftwagen. Dabei kam man großteils zu denselben Ergebnissen wie das Jägerbataillon 2.

Anders beurteilt wurde zum Beispiel die vordere Federung, nämlich als nicht ausreichend. Weiters wurde die ungeschützt tiefer als die Vorderachse liegende Spurstange kritisiert, da sie durch verdeckte Hindernisse beschädigt werden konnte. Eine entscheidende Forderung in Bezug auf die Sicherheit und die Fahreigenschaften im Gelände war eine dritte Achse. Vor allem im regennassen Gelände hatte das Fahrzeug ein Eigenleben wie etwa seitliches Abrutschen gezeigt. Dem zweiachsigen Modell des 680M wurde daher die Sicherheit und Geländegängigkeit abgesprochen, wie sie ein Heeresfahrzeug besitzen sollte.

Gerhard Blümel: „Das Allradsystem war starr. Es hat kein Mitteldifferential gegeben, das die Drehzahl zwischen Hinter- und Vorderachse ausgeglichen hätte. Darum hat man das Allradfahrzeug nur dann verwendet, wenn man es gebraucht hat: im Gelände, und zwar im weichen Gelände, wo die Reifen ein bisschen rutschten. Für mich war es eines der effizientesten Allradfahrzeuge. Was ich nie vergessen werde, ist die Wirkung zum Beispiel der Motorstaubremse. Man fuhr 30, 35 oder 40 km/h bergab auf einer regulären Fahrbahn, schaltete den kleinen Geländegang ein, stieg auf die Motorstaubremse und fuhr bei 40 Prozent Gefälle mit 3 km/h bergab – das Auto wurde nicht schneller. Das war unglaublich.“

Das Fahrzeug wurde von Offizieren der 7. Jägerbrigade, von Offizieren und Unteroffizieren des Jägerbataillons 26 sowie vom Kraftfahrfachpersonal der Gruppe II in Graz besichtigt, die mit Kritik nicht sparten. Da der dreiachsige GMC „das Maß aller Dinge“ war, fiel die Beurteilung des Steyr-Diesel im Allgemeinen negativ aus. Angemerkt wurde unter anderem, dass nur ein Fahrzeug zur Erprobung zur Verfügung stand und sechs Wochen im Sommer unzureichend waren. Weiters waren keine ausländischen Heeresfahrzeuge zum Vergleich zur Verfügung gestanden (die Hälfte der Stimmen ließ die Unterstützung der heimischen Wirtschaft bei der Beschaffung nicht gelten), zu Vergleichszwecken war auch kein beladenes und unbeladenes Fahrzeug vorhanden gewesen. Wie schon angesprochen, wurde natürlich auch die fehlende dritte Achse bemängelt.

Interessant sind die Meinungen aus dem Jägerbataillon 26. Sowohl der Steyr-Diesel als auch der GMC, wie er organisationsplanmäßig vorgesehen war, wurden als Gefechtsfahrzeug abgelehnt, da beide weder geländegängig im Sinne des Jägerbataillons waren, noch eine taktische Einheit verladen konnten. Forst- und Güterwege, wie sie zum Einsatzgebiet eines Jägerbataillons gehören, konnten mit großen und schweren Kraftfahrzeugen nicht befahren werden. Gefordert wurden daher Fahrzeuge, die in der Lage waren, die Truppe mit den notwendigen Nachschubgütern möglichst nahe an das Einsatzgebiet heranzubringen. Mit großen Fahrzeugen war dies nur bis zum Fuß des Berges möglich. Von dort erreichte man das Ziel nur in stundenlangen, kräfteraubenden Fußmärschen. Die organisationsplanmäßige Ausstattung der Jägerzüge mit GMC oder ähnlichen Fahrzeugen wurde in diesem Zusammenhang abgelehnt.

Jägerbataillon ist nicht gleich Jägerbataillon, wie die beiden Beispiele zeigen – einerseits die „Flachländer" und andererseits die „Gebirgler".

Zwischenbericht vom August 1964

Der dritte Zwischenbericht der Heereskraftfahrschule datiert vom 12. August 1964. Bis zu seiner Abfassung waren etwa 30.000 Kilometer mit dem Steyr-Diesel zurückgelegt worden.

Vom 29. Juni bis 4. Juli 1964 waren die beiden Versuchsfahrzeuge am Gelände des Truppenübungsplatzes Bruck an der Leitha einer Erprobung im Schichtbetrieb unterzogen worden. Diesmal wurde der 680er mit einem Studebaker-Lastkraftwagen M 35 A1 verglichen, der sich wegen seiner Federungseigenschaften und seiner dritten Achse als überlegen erwies. Die schon verbesserte mechanische Lenkung des 680ers überzeugte nicht (bei lang andauernden Geländefahrten hatte sie sich durch ihre Schwergängigkeit für den Fahrer als ermüdend erwiesen), hingegen entsprach die Servolenkung, die keine technischen Mängel aufwies und sich vor allem in den engen Gassen Wiens bestens bewährt hatte. Im regennassen Gelände hatte der M35 die Nase vorn, noch dazu, wenn die Reifen des Steyr-Diesel schon ein mangelndes Reifenprofil aufwiesen. Beim Überfahren von Hügeln (Aufsitzen) war der 680er den Konkurrenten überlegen. An der Motorleistung des 680ers gab es erneut nichts auszusetzen.

Wieder wurde eine aufklappbare Windschutzscheibe bei Nachtfahrten mit Tarnlicht beziehungsweise ohne Beleuchtung gefordert. Überdies stellte man eine Reihe von Mängeln und Schäden fest, wie einen Bruch des vorderen linken Federhauptblatts beim Fahrzeug mit dem Kennzeichen W 176.453 und einen abgeschliffenen Bremsbelag an der rechten hinteren Bremse. Schlammfahrten hatten für eine Verschmutzung der hinteren Bremstrommeln gesorgt, sodass Verrostungen an der Bremsanlage auftraten und ein Nachstellen der Exzenter unmöglich wurde. Die aus U-Eisen gefertigten Plateauträger verhinderten aufgrund ihrer Bauweise nach Geländefahrten eine Reinigung, wodurch Rostbildungen unvermeidbar waren. Außerdem war bei beiden Fahrzeugen ein verhältnismäßig hoher Ölverbrauch (2 Liter auf 800 Kilometer) gemessen worden.

Gerhard Blümel: „Wenn man mit dem Lastkraftwagen eine Woche in Allentsteig war, in schwerem Gelände gefahren ist und alles verdreckt war, hat man am Waschplatz links und rechts die Türen aufgemacht und mit einem Schlauch den ganzen Dreck hinausgespült. Die Türen ließ man offen, damit alles trocknen konnte. Dann ist man weitergefahren. So einfach war das."

Am 13. Juli 1964 wurden Vergleichsversuche am Rollenprüfstand im Arsenal durchgeführt, um die im Fahrbetrieb festgestellte geringere Leistung des Fahrzeugs mit dem Kennzeichen W 176.451 gegenüber jenem mit dem Kennzeichen W 176.453 abzuklären. Es stellte sich heraus, dass dafür nicht eine geringere Motorleistung, sondern Widerstände im Getriebe verantwortlich waren.

Schließlich fand vom 20. bis 31. Juli 1964 eine Gebirgsstraßenerprobung statt. Beide Fahrzeuge wurden mit Zweiachsanhängern im Schichtbetrieb auf steilen Bergstraßen erprobt. Dazu fuhr die Versuchsmannschaft in motorisiertem Marsch nach Spittal an der Drau. Die Beladung der Zugfahrzeuge betrug je 4,5 Tonnen, die der Anhänger je 3,5 Tonnen. Ein 310 Kilometer langer Rundkurs von Spittal an der Drau über den Großglockner, Bischofshofen, die Radstädter Tauern, den Katschberg und zurück nach Spittal an der Drau wurde innerhalb von 24 Stunden von jedem Kraftfahrzeug zweimal befahren. Zum Abschluss wurden drei Fahrten über den Wurzenpass (26 Prozent Steigung) unternommen.

Bezüglich der Motorleistung gab es keine Probleme, selbst die Kühlwassertemperatur stieg in keinem Fall über 95 Grad Celsius, meistens blieb sie konstant bei 85 Grad Celsius. Hinsichtlich der Gangwahl wurde festgestellt, dass Steigungen zwischen 12 Prozent und maximal 22 Prozent am besten mit dem zweiten Geländegang bei einer Fahrgeschwindigkeit von 8 km/h zu befahren waren. Beim Wurzenpass war allerdings der erste Geländegang erforderlich. Im Bericht wurde festgehalten, dass die richtige Gangwahl bei starken Steigungen vorausschauend vorzunehmen sei, da ein Schaltvorgang auf den ersten Geländegang so viel Zeit in Anspruch nehme, dass der Lastkraftwagen-Zug bereits talwärts zu rollen beginne. Die Bremsen entsprachen vollkommen, auch das Fahrverhalten des Lastzuges war unproblematisch. Dennoch wünschte man sich eine Verbesserung der Straßenlage mittels Stoßdämpfer. Bei der Erprobung im Gebirge war der Kraftstoffverbrauch auf 55 Liter pro 100 Kilometer gestiegen.

An gravierenden Schäden gab es bei beiden Fahrzeugen einen Bruch der Kupplungsrückholfeder und ein Ecken der Servolenkung durch zu wenig Flüssigkeit im Ölbehälter. Die Motorbremse hatte sich beim Fahrzeug W 176.451 während der Talfahrten selbstständig gemacht, sodass nur eine Hand zur Bedienung des Lenkrads zur Verfügung stand. Beim Fahrzeug mit dem Kennzeichen W 176.453 hatte der Fahrer vor der Glockner-Auffahrt ungewöhnliche Motorgeräusche bemerkt, worauf das Fahrzeug abgeschleppt wurde (nach Angaben der Steyr-Techniker war es zu einem Pleuellagerschaden am sechsten Kolben gekommen), später sollte sich herausstellen, dass auch am zweiten Fahrzeug unmittelbar ein Pleuellagerschaden bevorstand. Bei beiden Versuchsfahrzeugen wurden aus diesem Grund neue Pleuellager, Hauptlager und Kurbelwellen eingebaut, sodass eine neuerliche Einfahrperiode durchlaufen werden musste.

Weitere Tests folgen

Der nächste Schritt war die Übernahme des Steyr-Diesel 680M (Kennzeichen W 156.452) von der Prüf- und Versuchsstelle für Kraftfahrzeug- und Maschinenwesen in Wien 15, Gablenzgasse 99, durch die Heereskraftfahrschule. Mit dem Fahrzeug waren mit einer Beladung von 4,5 Tonnen und einer Höchstgeschwindigkeit von 70 km/h 15.000 Kilometer zu absolvieren. Dabei sollten folgende Strecken ohne Autobahnbenützung befahren werden: von Wien über Wiener Neustadt und den Semmering nach Mürzzuschlag und anschließend zurück über den Semmering, Wiener Neustadt nach Wien (über die Bundesstraße 17). Die zweite Strecke führte von Wien über Wiener Neustadt und Aspang nach Friedberg und zurück über Aspang und Wiener Neustadt nach Wien (über die Bundesstraßen 17 und 54). Zum Abschluss waren 50 Stunden im Gelände (Rundstrecke am Spitalberg) mit 2,5 Tonnen Beladung und einer Höchstgeschwindigkeit von 25 km/h abzuspulen. Das Versuchsprogramm war bis Mitte Jänner 1965 abzuschließen.

Dieses Programm wurde leicht verändert im Dezember 1964 begonnen. Neu war, dass nun ein Fahrzeug in der alten und eines in der neuen Ausführung für die Erprobung zur Verfügung standen. Zweck war, beide Steyr-Diesel miteinander zu vergleichen.

Vorher aber erprobten vom 7. August bis zum 5. Oktober 1964 neben den beiden Jägerbataillons alle Kompanien des Telegraphenbataillons 3 den (alten) Steyr-Diesel.

Folgende Erfahrungen wurden dabei gemacht: Die Fahrleistungen waren bei einer Besatzung von 20 Mann und einer Beladung von etwa 4 Tonnen Kies sowohl auf Straßen als auch im Gelände bei der richtigen Ausnützung der Motordrehzahl gut. Im unbeladenen Zustand neigte das Fahrzeug zum „Springen". Erneut wurde die schwergängige Lenkung bemängelt. Bei Vollbremsungen zeigte

Erprobungsfahrt des Steyr 680M mit Anhänger auf der Großglockner Hochalpenstraße/Hochtor, gefolgt von einem Steyr 480M.

Steyr 680M auf der Großglockner Hochalpenstraße.

Steyr 680M am Großglockner.

das Führerhaus starke Vibrationen. Auffallend war der hohe Reifenverschleiß. Die Geländefahrten liefen zur Zufriedenheit ab (sehr gute Steigfähigkeit sowie auch gute Bodenfreiheit). Selbst bei starkem Gefälle erübrigte sich das Bremsen, es genügte allein die Bremswirkung des Motors und der Motorbremse. Bei Schrägfahrten hatte man das Gefühl, als ob das Fahrzeug kippen würde. Außerdem neigte der Steyr-Diesel bei Schrägfahrten zum seitlichen Abrutschen. Dafür wurde die fehlende dritte Achse verantwortlich gemacht. Beim Furten und im Schlamm bewährte sich der 680M aufgrund seines Allrads und der Differentialsperre gut.

Gerhard Blümel: „Mir war der 680er lieber im Gelände als der Steyr 12M18, schon allein wegen der Motorstaubremse. Und hinaufgekommen bin ich auch fast überall. Ich bin mit dem 680er zum Teil weiter hinaufgekommen als mit dem schweren Lastkraftwagen."

Der Aufbau mit der neuen Mittelbank war für eine Verwendung in einem TelB (wegen der Kabeltrommeln) nicht geeignet. Es waren gewisse Umbauarbeiten erforderlich. Vorbild war die Anordnung der Sitzbank beim GMC. Die Funkkabine SCR 399 (Shelter) passte auf die Ladefläche des 680M. Um den Einstieg in die Kabine zu ermöglichen, durfte die hintere Bordwand höchstens 40 Zentimeter hoch sein. Das Führerhaus wünschte man sich um etwa 20 Zentimeter länger, um die Ausrüstung von Fahrer und Beifahrer unterbringen zu können. Die Windschutzscheibe – eine alte Forderung – sollte wegen Fahrten mit der Tarnbeleuchtung bei Nacht ausklappbar sein. Wartung und Pflege des Fahrzeugs waren einfach und auch minder ausgebildeten Heereskraftfahrern zumutbar.

Einige weitere Forderungen hatten auch die anderen Tester gestellt, beispielsweise eine verbesserte Lenkung und die Position der Stoßstangen. Weiters sollte die Öffnung der Motorhaube im Führerhaus gegen die Rückwand aufklappbar sein.

Im Jänner 1965 wurde geprüft, ob der Steyr-Diesel in seiner damaligen Ausführung als Kabeltransportwagen und als Kabelbauwagen geeignet wäre oder ob für diese Zwecke die Sitzbankanordnung beziehungsweise der Aufbau geändert werden musste. Durch kleine Adaptierungen war der 680er für beide Anwendungen einsetzbar. Allerdings war der durchzuführende Fahrbetrieb durch Kontrollen, Reparaturen, Wartungsarbeiten und Austausch von Teilen unterbrochen oder behindert worden. Es war fraglich, ob man die geforderte Fahrleistung von 15.000 Kilometer auf Straßen und die 50 Stunden Geländefahrt bis Ende Februar erreichen werde können.

Auch für die Pioniertruppe wurde der Steyr-Diesel an der Pioniertruppenschule erprobt. Jedenfalls wurde festgehalten, dass die Truppenbrauchbarkeit des 680ers von der Motoren- und Federungsseite noch nicht gegeben sei.

Abschlussbericht vom März 1965

Mit Datum vom 19. März 1965 legte die Heereskraftfahrschule den Abschlussbericht über den gl LKW Steyr-Diesel 680M vor. Allen Befürchtungen zum Trotz hatte man den zweiten Erprobungsabschnitt am 26. Februar 1965 mit den befohlenen 15.000 Kilometern auf Straßen und den 50 Stunden Geländefahrten abschließen können.

Während der Straßenerprobung waren die beiden Versuchsfahrzeuge mit den Kennzeichen W 176.452 und W 176.453 mit einer Beladung von 4,5 Tonnen gefahren worden. 10 Prozent waren auf Leerfahrten und 10 Prozent auf Fahrten mit einer Anhängerlast von 5,6 Tonnen entfallen. Der Geländebetrieb von 40 Stunden hatte mit einer Beladung von 2,5 Tonnen stattgefunden, die restlichen 10 Betriebsstunden zum Teil mit einer Anhängerlast von 1,5 Tonnen und zum Teil unbeladen am Truppenübungsplatz Bruck an der Leitha. Diese zweite Erprobungsphase hatte fast völlig unter winterlichen Verhältnissen stattgefunden, wodurch Schäden und Mängel festgestellt werden konnten, die in der übrigen Jahreszeit nicht aufgetreten waren.

Das Befahren von vollkommen vereisten und nicht gestreuten Straßen über 400 Kilometer in erhöhtem Schritttempo hatte ein relativ gutes Ergebnis erbracht. Die Servolenkung hatte sich in keiner Weise als Nachteil erwiesen, und hinsichtlich der Straßenlage war kein Unterschied gegenüber anderen handelsüblichen Kraftfahrzeugen dieser Größenordnung feststellbar gewesen. Die Motorbremse machte sich eindeutig als Vorteil bemerkbar, ihre Verwendung war eine sichere Bremsmethode auf stark vereisten Fahrbahnen. Das „Springen“ des 680ers auf trockener Fahrbahn bei Notbremsungen war durch einen höheren Bremsdruck auf den Hinterrädern wesentlich verbessert worden. Beim 680er mit dem Kennzeichen W 176.452 stellte sich dieses Phänomen allerdings wieder ein.

Die Geländeerprobung fand bei Minusgraden, starken Schneefällen und Schneestürmen mit großen Schneeverwehungen im Tag- und Nachtbetrieb statt. Der 680er erwies sich bei Vergleichsfahrten gegenüber dem GMC mit aufgelegten Schneeketten an allen Rädern, Vorderradantrieb und Differentialsperre in den meisten Situationen als ebenbürtig, in manchen sogar überlegen. Die Motoren beider Testfahrzeuge liefen problemlos, Kritik riefen die Luftansaugschlitze hervor. Beim Fahrzeug mit dem Kennzeichen W 176.453 kam es bei minus 15 Grad wiederholt zu Störungen in der Kraftstoffzuführung, sodass das Fahrzeug abgeschleppt werden musste. (Nach Reparatur der Kraftstoffförderpumpe war der Schaden behoben.) In den Kühlern beider Versuchsfahrzeuge wurde bei richtiger Betriebstemperatur ein großer Kühlmittelverbrauch festgestellt. Füllte man bis an den Rand des Einfüllstutzens

Kühlflüssigkeit ein, bewirkte bei größerer Erwärmung der Ausdehnungskoeffizient des Frostschutzmittels in der Folge das Auslaufen der Kühlflüssigkeit durch das Überlaufrohr.

An beiden Fahrzeugen brachen wiederholt die Bremsbackenrückholfedern. Die Lockheed-Westinghouse Druckluft-Bremsanlage am Fahrzeug mit dem Kennzeichen W 176.453 zeigte keinerlei Störungen. Die Hardy-Knorr-Bremsanlage am Kraftfahrzeug mit dem Kennzeichen W 176.452 hingegen hatte bereits bei normalen Wetterbedingungen und Plusgraden mit Problemen zu kämpfen (Festreiben der Handbremswelle, Eindringen von Wasser und Schmutz). Hardy-Knorr behob dieses Problem.

Der Luftdruckregler funktionierte nicht so, wie er sollte (Überdruck im Kessel), außerdem wies er starke Verrostungen auf. Eine Verlegung an eine geschützte Stelle wurde angeregt. Bei Watvorgängen stand die gesamte Druckluft-Bremsanlage unter Wasser. Die Verlegung der elektrischen Leitungen machte einen „provisorischen, ja geradezu dilettantischen Eindruck“ und führte wiederholt zu Kurzschlüssen.

Die Cyklop-Bereifung fand ungeteilte Zustimmung. Die Heizleistung war bei beiden Fahrzeugen unterschiedlich, bei extremen winterlichen Verhältnissen allerdings nicht ausreichend.

Weiters wurde angemerkt, dass der Werkzeugkasten nicht entsprach, eine Vergrößerung des Führerhauses anzustreben wäre, ein Teil der Schmiernippel nicht zugänglich war und für 18 Mann ausreichend Platz vorhanden war. Die Sitzordnung wurde von der Mannschaft sehr begrüßt.

Bereits am 9. März 1964 hatte die Lehrkompanie der Pioniertruppenschule ihre Bewertung abgegeben, die in einem Satz zusammengefasst wurde: „Der Lastkraftwagen ist nach Durchführung kleiner Abänderungen, die aufgrund der Verladung des Pioniergeräts notwendig erscheinen, als Pionierkraftfahrzeug geeignet.“

Die abschließende Beurteilung der Heereskraftfahrschule vom Juli 1965 lautete, dass der gl LKW Steyr-Diesel 680M den dreiachsigen gl LKW GMC überall dort ablösen könne, wo er nicht als Zugmittel für Anhängelasten mit mehr als 2 Tonnen Gesamtgewicht eingesetzt wird.

Die Produktion wird aufgenommen

1966 ging der zweiachsige Steyr-Diesel 680M schließlich in Produktion. Zwei Jahre später sollte als logische Entwicklung die Herstellung des dreiachsigen 680 M3 („geländegängiger Lastkraftwagen, Diesel, 3,5 Tonnen, ohne/mit Seilwinde") folgen, mit jenen Verbesserungen, die man aufgrund der Probe- und Vergleichsfahrten mit dem GMC durchgeführt hatte. Aber auch handelsübliche Steyr-Diesel 680 fanden ihren Weg ins Bundesheer, und zwar acht 6-Tonnen-Kipper vom Typ zgk sowie vier Radar-Auswertekraftwagen. Beim „geländegängigen Lastkraftwagen, Diesel, 2,5 Tonnen, ohne/mit Seilwinde" handelte es sich um das meistverbreitete Heeresfahrzeug der Zweiten Republik. Es diente als Gruppen-, Halbzug- oder Trossfahrzeug zum Transport von Mannschaften, Waffen und Gerät sowie Versorgungsgütern aller Art für alle Waffengattungen. Gerhard Blümel: „Es war alles so einfach zu bedienen – so selbsterklärend, für mich damals das ideale militärische Gefährt."

Die verbreitetste Ausführung war das Fahrschulfahrzeug mit Doppelkabine, das unter der Bezeichnung 680 MF/Schul lief. Weiters kamen noch zwei „Tanklöschfahrzeuge 2000" auf dem Fahrgestell des 680M sowie ein Versuchswagen, der als Sattelzugmaschine ausgelegt war, zum Einsatz. Wie viele Fahrzeuge von diesen beiden Typen schließlich tatsächlich beschafft wurden, entzieht sich der Kenntnis des Autors.

Gerhard Blümel: „200.000 Kilometer gefahren in 25 Jahren. Keine Motorschäden! Nichts davon gehört."

Auf dem Fahrgestell des 680M lief auch ein Flugfeld-Tankwagen mit einem 4000-Liter-Aufbau der Firma Strüver. Der dreiachsige 680 M3 wurde wie der Zweiachser sowie als Zugwagen für die leichte Feldhaubitze verwendet. Eine größere Anzahl 680 M3 lief als Kipper. Sie wiesen einen gekürzten Rahmen auf und wurden bei IFE in Waidhofen an der Ybbs hergestellt. Diese Fahrzeuge konnten auch für den Mannschaftstransport mit Mittelsitzbänken und Planenverdeck ausgestattet werden.

Von der Wiener Dampfkesselfabrik kamen wiederum die Einheitsaufbauten für den „geländegängigen Tankwagen, Diesel, 7000 Liter, Heer/Luft". An Dieselkraftstoff konnten 6880 Liter, an Vergaserkraftstoff 7440 Liter befördert werden. Dieses Fahrzeug diente zum Transport von Diesel- oder Vergaserkraftstoff auf Straßen sowie in leichtem Gelände beim Heer und bei den Luftstreitkräften.

Ferner wurden noch sechs Stück des Tanklöschfahrzeugs FTLF 3000 geliefert, welches als Berge- und Löschfahrzeug für Unfälle auf Flugplätzen eingesetzt wurde. Es wurde im Rahmen der Fliegerhorstfeuerwehr als Flugplatzbrandschutz-Kraftfahrzeug verwendet. Bei einem Gesamtgewicht von 13 Tonnen bestand der Tankinhalt aus 2700 Litern Wasser und 300 Litern Schaummittel.

In den 1990er-Jahren wurden die Steyr 680M „kampfwertgesteigert“. Die Fahrzeuge wurden mit doppelten Außenspiegeln, verstärkter Pritsche, neuen Bremsen, neuem Verdeck und mit einem Armaturenbrett des LKW 12M18 ausgestattet.

Steyr 680M aus der Serienfertigung.

Spezialausführung des Steyr 680M für das Heeresmaterialamt.

Dreiachsiger Steyr 680 M3 eines Fernmelde-regiments.

Ebenfalls dreiachsige Ausführung des Steyr 680 M3 mit im Vergleich zum Foto auf Seite 71 unten geänderter Plane.

Fahrschulausführung des Steyr 680M (680 MF/Schul) mit Doppelkabine, Doppellenkung und Doppelpedalen.

Geländefahrt.

Fahrschulbetrieb.

Fahrschul-680er. Man beachte den Doppelspiegel auf der Beifahrerseite.

Frontansicht.

Steyr 680 M3 als Fahrschulfahrzeug.

Blick von hinten links auf das Fahrschulfahrzeug.

Am Fahrersitz des 680ers. Blick auf die Instrumente.

Innenansicht des Fahrschulfahrzeugs. Man beachte die Verbindung der beiden Lenkräder mittels Kette!

Eine Sonderausführung des Steyr 680M als Pferdetransporter.

Steyr 680 M3 als Shelterfahrzeug eines Fernmelderegiments.

Steyr 680 M3, adaptiert für einen Schneepflug.

Steyr 680 M3 mit Kran. Dahinter der Nachfolger, ein Steyr 12M18.

Steyr 680 M3 als Tankwagen.

Ein weiterer Steyr 680 M3 als Tankwagen.

Eine andere Ausführung des Steyr 680 M3 als Tankwagen. Die Aufbauten wurden von der Wiener Dampfkesselfabrik geliefert. Die Fahrzeuge dienten der Kraftstoffversorgung sämtlicher Verbände.

Steyr 680M als Tiertransporter.

Eine andere Ausführung des Steyr 680M als Tiertransporter.

Steyr 680M als Feuerwehrfahrzeug.

Steyr 680M als Tankfahrzeug.

Steyr 680M als Kehrfahrzeug.

Steyr 680M mit aufgesessener Truppe.

Leben im Feld mit dem Steyr 680 M3 in der Mitte.

Kolonne von Steyr 680M, die hinteren drei Fahrzeuge sind Tiertransporter.

Mehrere Steyr 680M in Wintertarnung.

Für UNO-Einsätze wurde der 680er weiß lackiert.

Drei Steyr 680 M3 mit österreichischen UNO-Soldaten.

Kolonne von Steyr 680M und M3 in UNO-Diensten.

Es gibt immer mehrere Arten, das Fahrzeug zu verlassen.

Stacheldraht wird ausgerollt. Rechts ein Steyr 680 M3.

Ein Steyr 680 M3 passiert die Einfahrt eines Stützpunkts österreichischer UNO-Soldaten.

Schiffsverladung der 680er für einen UNO-Einsatz.

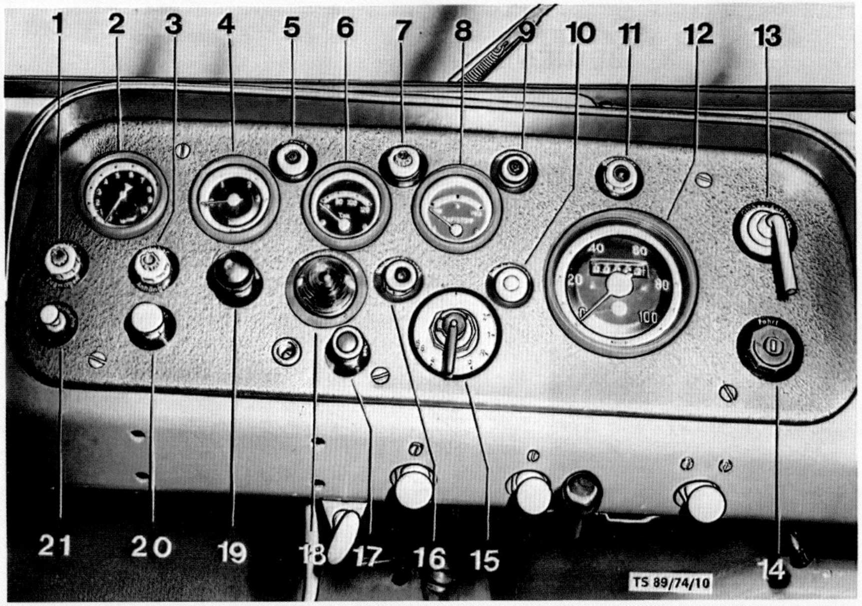

INSTRUMENTENTAFEL-AUSRÜSTUNG

1 Blink-Kontrolleuchte für Zugfahrzeug (rot)
2 Luftmanometer
3 Blink-Kontrolleuchte für Anhänger (rot)
4 Ölmanometer
5 Öldruck-Kontrolleuchte (rot)
6 Kühlmittel-Fernthermometer
7 Fernlicht-Kontrolleuchte (blau)
8 Kraftstoff-Vorratsanzeiger
9 Ladestrom-Kontrolleuchte (rot)
10 Seilwinde bzw. Kipper-Kontrolleuchte (gelb)
11 Glühspirale-Kontrolleuchte
12 Tachometer (Geschwindigkeitsmesser)
13 Glühanlaßschalter
14 Fahrtschalter
15 Lichtschalter
16 Vorderradantrieb-Kontrolleuchte (grün)
17 Zugschalter für Heizung (rot)
18 Ausgleichsperre-Kontrolleuchte (gelbrot)
19 Pannenblinkanlage (Zugschalter)
20 Wischerschalter
21 Fahrerhausleuchte

Der 680er in der Schweizer Armee

Da in der schweizerischen Armee ebenfalls Bedarf für ein Fahrzeug in der Art des 680M bestand, ging im Jänner 1969 der Typ A 680 g mit der Motortype WD 610 R für dieses Land in Produktion. Den Steyr-Lastkraftwagen gab es in verschiedenen Ausführungen, die Hinterachse war jedoch stets einfach bereift. Der Steyr A 680 g 3t (4x4) (militärische Bezeichnung: Lastw Seilw 3t gl 4x4) trat im Oktober 1968 den Dienst als Ersatz für GMC und Ford Canada an.

Eingesetzt wurde er in allen Truppengattungen als Allround-Fahrzeug. Er bewährte sich als handlicher Transporter und Zugfahrzeug für Anhänger. Das Fahrzeug wurde von 1968 bis 2005 in der Armee verwendet, 1900 Stück waren beschafft worden.

Der Steyr A 680 gl (4x4) (militärische Bezeichnung: Brue Matw 3,3t gl 4x4 mit Verdeck) war die Langversion des Steyr A 680 g. Der Typ 680 gl wurde vor allem als Brückenmaterialwagen für die Feste Brücke 69 beschafft. Für den Transport wurden die einzelnen Brückenelemente auf Paletten gebunden. Einige Steyr A 680 gl wurden mit Ladebrücken, Seiten- und Rückladen aus Alu sowie Blachengestell für den normalen Truppeneinsatz ausgerüstet (maximale Anhängelast 6000 Kilo). Weitere Steyr A 680 gl wurden als Werkstattwagen aufgebaut (Steyr 680 g und gl). Alle Werkstattwagen wurden ab 1994 durch Werkstattanhänger ersetzt. Insgesamt waren von diesem Typ 405 Einheiten beschafft worden.

Es gab auch noch einen zweiten Typ vom Steyr A 680 gl (4x4) (die militärische Bezeichnung lautete Brue Matw gl 4x4 für Brue 69) für den Transport der Festen Brücke 69. Ein Brückensatz von 45 Metern erforderte 14 Paletten (das heißt 7 SteyrA 680 gl und 7 Brü Mat Anh FHS Frech Hoch Sissach). 2004 wurde die Anzahl der Brückensätze reduziert und alle Steyr A 680 gl ausgeschieden. 2005 waren alle Steyr-Lastkraftwagen in der Schweizer Armee Geschichte.

Weiters fand der Steyr A 680 g Verwendung am Fernmeldesektor sowohl als mobile Funkstation (militärische Bezeichnung Fwk SE-430/m gl 4x4) als auch als Störwagen (militärische Bezeichnung Stoerw SE-600 gl 4x4). Letzterer, um eigene und fremde Funknetze aufzuklären und wenn nötig zu stören. Der Störer wurde in den EKF-Formationen (Elektronische Kriegsführung) eingesetzt. Letzteres Gerät war in zwei Exemplaren vorhanden, von der mobilen Funkstation gab es 85 Stück.

Steyr A 680 der Schweizer Armee. Die Hinterräder waren nur einfach bereift.

Beladen mit Brückengerät.

Ein Steyr 680 der Schweizer Armee im KFOR-Einsatz.

Der 680er in der griechischen Armee

Die Firma ELBO, ein Hersteller von Omnibussen und Militärfahrzeugen in Thessaloniki, wurde 1972 als Zweigwerk der österreichischen Steyr Daimler Puch gegründet. Hier wurden Fahrzeuge der Baureihe Steyr 91, Steyr 680M (in Griechenland als Steyr-Hellas 680 MH 4x4 bezeichnet), die Steyr-Panzer Kürassier, Leonides sowie Traktoren gefertigt.

Mit der Krise des Mutterkonzerns wurde das Werk „Steyr Hellas" im Jahr 1986 an den Staat verkauft und firmiert seitdem als ELBO.

Dreiachsiger Steyr 680 der griechischen Armee mit Tarnmuster.

Dreiachsiger Steyr 680 der griechischen Armee mit Fernmelde-Shelter und Tarnmuster.

Der „Sonderfall“: Fahrtechnische Erprobung des dreiachsigen 680ers als Trägerfahrzeug für den Raketenwerfer

1960 wurden vom Österreichischen Bundesheer 14 sowjetische Raketenwerfer mit dem Praga V 3S 6x6 als Trägerfahrzeug aus tschechoslowakischer Lizenzproduktion beschafft. Die Trägerfahrzeuge waren mit einem Sechszylinder 98 PS ausgestattet und wurden teilweise mit und teilweise ohne Seilwinde geliefert.

Im Truppengebrauch stellte sich bald heraus, dass Geländefahrten mit voller Munitionszuladung wegen der zu geringen Tragfähigkeit des Fahrzeugs nur beschränkt möglich waren. Daher entschloss man sich 1974, die Werferbatterien umzurüsten und die Raketenwerfer auf das Fahrgestell des Steyr 680 M3 aufzubauen. Die Praga-Fahrzeuge wurden ausgeschieden. Der Werfer RM 130 hatte 32 Rohre für Raketen des Kalibers 130 mm, konnte um 360 Grad geschwenkt werden und besaß einen Höhenrichtbereich von 0 bis 45 Grad. Die Anfangsgeschwindigkeit der Raketen lag bei 410 m/s. Die Einsatzschussweite betrug 8,2 Kilometer.

Steyr 680 M3 in der Raketenwerferausführung.

Steyr 680 M3 mit Mannschaft als Raketenwerferfahrzeug.

Am 9. Mai 1974 wurde die Heereskraftfahrschule mit der Truppenerprobung des 13 cm Raketenwerfers auf einem Steyr 680 M3 beauftragt. Dabei sollte festgestellt werden, ob vom Gesichtspunkt des Fahrbetriebs die Truppenbrauchbarkeit gegeben war und der Serienherstellung die Zustimmung erteilt werden konnte. Die Erprobung hatte in zwei Teilen zu erfolgen:

1. Teilnahme des Erprobungsteams am Übungseinsatz der I. Abteilung des Artillerieregiments 2 auf dem Truppenübungsplatz Seetaler-Alpe vom 20. bis 22. Mai 1974.

2. Fahrerprobung mit zwei Versuchsfahrzeugen an der Heereskraftfahrschule in der Zeit vom 4. bis 7. Juni 1974.

Die Übernahme der Fahrzeuge sollte im direkten Einvernehmen mit der I. Abteilung des Artillerieregiments 2 erfolgen. Der ausführliche Erprobungsbericht war der Heereskraftfahrabteilung vorzulegen.

Übergangsmäßig sollte der 680 M3 bei I/AR 2 ohne Doppelkabine erprobt werden. Die Erprobungsbatterie war mit einem Musterträgerfahrzeug mit 13 cm Raketenwerfer und einer kompletten Prototypausrüstung sowie fünf Werfern auf 680 M3 ausgestattet, die mit Ausstattung und Zubehör vom Praga V 3S 6x6 übergangsweise verwendungsfähig gemacht wurden.

Die Truppenerprobung unterteilte sich in einen militärisch-taktischen, einen schießtechnischen und einen fahrbetrieblichen Teil, die bis zum 15. September 1974 abzuschließen waren. Bei dieser Truppenbrauchbarkeitserprobung sollte herausgefunden werden, welche Ausführung die zweckmäßigste wäre, das heißt ohne Bordwände, Spriegel, Plane und Sitze als Trägerfahrzeug für den Raketenwerfer oder mit Bordwänden, Spriegel und Plane ohne Sitze als Munitions- und gleichzeitig Reserveträgerfahrzeug.

Am Trägerprototypfahrzeug sollten sämtliche Anbringungs- und Ausrüstungsdetails in den wesentlichen Einsatzsituationen wie Bereitstellung, Beziehen der Feuerstellung, Herstellung der Feuerbereitschaft, Feuertätigkeit, Vorbereitung und Durchführung eines Stellungswechsels und MotMarsch überprüft werden. Für die schießtechnische Erprobung war noch ein Programm zu erstellen. Eine fahrtechnische Erprobung mit einem Doppelkabinenfahrzeug war zum damaligen Zeitpunkt noch nicht möglich. Es sollte auch keine Umrüstung von 680ern erfolgen, stattdessen wurden bei den Steyr-Werken 24 eigene Raketenwerfer-Fahrzeuge in Auftrag gegeben.

Der Programmablauf für die fahrbetriebliche Erprobung sah folgendermaßen aus: Vom 20. bis 22. Mai 1974 Teilnahme am Übungseinsatz der I/AR 2 auf dem Truppenübungsplatz Seetaler Alpe. Am 4. Juni 1974 übernahm I/AR 2 in Gratkorn das Erprobungsfahrzeug, am 5. Juni 1974 erfolgte die Beurteilung des Fahrzeugs am Gelände durch die Heereskraftfahrschule, am 6. Juni 1974 wurde die Beurteilung am Gelände des Truppenübungsplatzes Bruck an der Leitha durchgeführt, und am 7. Juni 1974 kam es zur Rücküberstellung des Steyr-Diesels zur I/AR 2 in Gratkorn.

Die Fahrerprobung auf Straßen fiel positiv aus. Das Marschgewicht mit dem Raketenwerfer und 66 Granaten in den Munitionsbehältern ergab eine günstige Belastung (spürbarer Kontakt zur Fahrbahn bei zunehmender Beladung). Brems- und Lenkmanöver waren mit dem Fahrverhalten eines mit Schüttgut beladenen 680 M3 Kipper vergleichbar. Lediglich bei einer Beladung mit 32 Granaten zeigte sich eine leicht veränderte Kurvenstabilität, wodurch die Lenkmanöver nicht beeinträchtigt wurden.

Bei der Geländeerprobung kam heraus, dass sich die Beladung (Raketenwerfer und Munition in den Behältern) nur in der Steigleistung nachteilig auswirkte. Beim Befahren unebenen Geländes war das Fahrzeug sogar ruhiger und angenehmer zu fahren als im unbeladenen Zustand. Trockene Wiesenhänge konnten bis etwa 55 Prozent Steigung befahren werden, Fahrspuren auf trockenem, erdigem Boden bis etwa 60 Prozent Steigung. Beim Klettern über stufiges Gelände mit einer durchschnittlichen Steigung von etwa 55 Prozent und ruckartigem Greifen der Hinterräder verlor die Vorderachse ganz kurz an Bodenhaftung. Mit extremer Beladung (Werfer und Munitionsbehälter aufgefüllt) wurde die seitliche Kippfestigkeit während einer Querhangfahrt geprüft: Das fahrbetriebliche Maximum wurde bei einer Hangneigung von 35 Prozent erreicht, wobei die Ladefläche eine Neigung von 47 Prozent einnahm, was einen beängstigenden Eindruck erweckte. Im normalen Fahrbetrieb sollte eine Hangneigung von 20 Prozent ohne Schwierigkeiten befahrbar sein. Vom Gesichtspunkt des Fahrbetriebes und der Truppenbrauchbarkeit wurde einer Serienherstellung zugestimmt.

Allerdings verhinderte die Raketenwerfer-Befestigung die Verwendung einer Seilwinde. Bei der Ausstattung mit einer Doppelkabine wäre eine Verlegung der Reserveradbefestigung notwendig. Ebenso sollten die Reservekanister in die Nähe zum Kraftstofftank verlegt werden. Auch klappbare Auftritte zum Plateau, um den Zugang zum Werkzeugkasten und zur Schanzzeughalterung nicht zu blockieren, wurden gefordert. Die Werferabfeuerung, die Dauerstromanschluss haben musste, sollte direkt an die Fahrzeugbatterie angeschlossen werden. Die Holme der Höheneinrichtung des Werfers ergaben eine Lademaßüberschreitung von 2 Zentimetern. Würde diese seitens des Bundesheeres nicht toleriert werden, blieb nur eine Reifendruckverringerung zur Lademaßreduzierung übrig. Eine solche Maßnahme würde sich allerdings auf den Eisenbahntransport hinsichtlich Be- und Entladezeiten auswirken.

Die Fahrzeuge waren bis 1994 im Einsatz. 1972 war die I. Abteilung des Artillerieregiments 2 nach Gratkorn verlegt worden und auf Raketenwerfer umgerüstet worden. Es wurde in Korpsartilleriebataillon 2 umbenannt. Die Heeresgliederung „Neu“ (1994) brachte die Auflösung aller Brigade- und Korpsartilleriebataillone und deren Überführung in neue Verbände. Die Raketenwerfer wurden ausgeschieden und die fünf ortsfesten Batterien stillgelegt.

Die letzte Fahrt: Die Steyr 680 werden ausgeschieden

Am 1. März 2007 traten die letzten Lastkraftwagen vom Typ Steyr 680M in Hörsching ihre letzte Fahrt an. Die 680er hatten endgültig ausgedient. Nach 40 Jahren im Einsatz wurden die in die Tage gekommenen Fahrzeuge ausgemustert. Bis 1984 war der 680er gebaut worden. Insgesamt hatte das Österreichische Bundesheer 3700 Fahrzeuge beschafft.

In Oberösterreich kamen die letzten 20 Steyr bei Versteigerungen im Heereslogistikzentrum Wels (Hessen-Kaserne) am 20. April und am 6. Juli 2007 unter den Hammer. Bereits Mitte der 1980er-Jahre waren die ersten 680er gegen den ebenfalls aus dem Hause Steyr stammenden 12M18 ersetzt worden. Nach Meinung vieler Bundesheer-Fahrprofis konnte aber letzteres Modell speziell dem dreiachsigen 680er im Gelände nie das Wasser reichen. 2006 wurden die ersten Unimogs vom Typ U4000 für den Einsatz im schweren Gelände beschafft. Für leichtes Gelände fanden auch die MAN-TGM 12.240/4x4 Verwendung.

Eine ganz spezielle Geschichte

Zum Abschluss ein besonderes Erlebnis von Gerhard Blümel mit dem 680er: „Als Lenker ein Fahrschüler, daneben ein werdender Fahrschullehrer (entweder ein Unteroffizier oder ein Offizier). Ich als Ausbilder bin hinten gesessen. Wir sind damals im Winter über den Hals (Anm.: Pass in den Niederösterreichischen Voralpen) gefahren. Zunächst moderat bergauf, aber nach Berndorf geht's dann steil bergab. So ein 680er hat Geländereifen gehabt, meistens waren es Originalreifen, 15 bis 20 Jahre alt, profiltechnisch sehr gut beinand. Es hat ein bisschen geschneit, und wir quälen uns da hinauf auf den Berg. Bei der Kuppe in Bergabfahrt sagt der Ausbilder am Beifahrersitz: ‚Schalten Sie runter', und ich schreie noch ‚Nein!'. Der Fahrschüler steigt natürlich auf die Kupplung, und ungeübt, wie er war, bleibt er ein bisschen länger auf der Kupplung. In der Zwischenzeit wird das Auto schneller, und der bringt den Gang nicht mehr hinein. Beim Bergabfahren auf rutschigem Untergrund ist das so eine Sache, wo es um Stundenkilometer geht. Auf gut Deutsch: Wenn ich zum Beispiel 20 km/h bergab fahre und bremsen muss, bleibt das Auto gerade noch stehen. Fahre ich 22 km/h, geht es sich nicht mehr aus. Und wir waren die 2 km/h drüber. Wir haben gefühlt zehn Kilometer bergab gebraucht, um das Auto abzubremsen. Das Auto geht quer, also runter von der Bremse, geraderichten, dann wieder bremsen. Bis hinunter nach Berndorf hat es gedauert, das Auto einzufangen. Unten, bei der Kreuzung, wo es gerade dahingeht, haben wir es geschafft, dass das Auto stehen bleibt. Das war eine brandgefährliche Situation, ein einschneidendes Erlebnis."

Der 680er im (Un)ruhestand

Mit dem Ausscheiden des 680ers aus dem aktiven Dienst fanden viele Fahrzeuge in den unterschiedlichsten Bereichen, wie etwa bei der Feuerwehr, als Expeditions- und Baustellenfahrzeug sowie in der Holzwirtschaft, noch ein neues „Leben“. Dieses sollen die folgenden Fotos dokumentieren.

Die folgenden Fotos zeigen den Steyr 680M und M3 in der Nachnutzung, nach dem Ausscheiden aus dem militärischen Dienst. Hier ein Steyr 680 M3 mit Doppelkabine.

Steyr 680 M3 als Wasserspritzwagen.

Ein Steyr 680 M3 in der Holzwirtschaft ...

… als Camping- und Expeditionsfahrzeug …

… in medizinischen Diensten …

… als Feuerwehrfahrzeug in Stadt …

… und Land.

Ein Steyr 680 M3 als Wasserwagen.

Ein Steyr 680M in der Ausführung als Transportfahrzeug der Feuerwehr …

… als Reisemobil für ferne Länder …

… als Tankfahrzeug …

… mit einer Plattform für Transporte …

… als Lastkraftwagen mit kurzem Plateau.

Ein Steyr 680M mit eigenwilliger Farbgebung ...

... als Lastkraftwagen mit Kran ...

… als Reisefahrzeug für Ironman Sepp Resnik und wandelnde Werbefläche.

Ein Steyr 680M als Lastkraftwagen eines Dachdeckerbetriebs.

Ausgemusterter Steyr 680M mit Doppelkabine bei einem Militärfahrzeugtreffen. Links im Hintergrund ein Steyr-Puch Pinzgauer und Haflinger.

Ausgemusterter Steyr A 680 der Schweizer Armee mit österreichischem Kennzeichen.

Ebenfalls ein ausgemusterter Steyr A 680 der Schweizer Armee mit Fernmeldeaufbau und mit österreichischem Kennzeichen bei der HGM-Veranstaltung „Mit Rädern und Ketten“.

Technische Daten

Es werden nur die technischen Daten der beiden Grundmodelle 680M und 680 M3 angegeben.

Geländegängiger Lastkraftwagen, D, Steyr 680M ohne/mit Seilwinde, mit klappbaren Seitenwänden			
Verwendungszweck: Mannschaftstransportfahrzeug, Transportmittel für Versorgungsgüter, Trägerfahrzeug für Shelter sowie Zugmittel für Anhänger und militärisches Gerät			
Besatzung: Sitzplätze 1. Sitzreihe 1+1 Ladefläche 18			
1. Maße und Gewichte:			
Außenabmessungen:		Innenabmessungen (Ladefläche):	
Fahrzeuglänge	6570 mm	Länge	4060 mm
Fahrzeuglänge bis Mitte Anhängerkupplung	6500 mm	Breite	2020 mm
		Höhe	1770 mm
Fahrzeugbreite	2400 mm	Bordwandhöhe	400 mm/600 mm
Fahrzeughöhe	2970 mm	Ladehöhe	1400 mm
Bahnverlademaß	ja		
Gewichte:		Höchste zul. Achslast:	
Eigengewicht	5600 kg/6000 kg	1./2. Achse	4200 kg/7000 kg
Höchste zul. Belastung	4500 kg		
Höchstes zul. Gesamtgewicht	10100 kg/10500 kg		

2. Leistungen:			
Bauartgeschwindigkeit	80 km/h	Tankinhalt	160 l
Steigfähigkeit	62 %	Verbrauchssatz (VS)	35 l
Watfähigkeit	800 mm	Anhängelast	8000 kg
Reichweite	ca. 450 km	Stützlast	850 kg

3. Zusatzausstattungen:	
Seilwinde (wenn vorhanden):	
Pneumatisch betätigte, mechanisch angetriebene MARTIN-Trommelwinde	
Zugkraft	60 kN (6 t)
Seillänge	87 m/90 m
Zugrichtung nach vorne und hinten	

4. Allgemeine Daten:	
Wendekreis	16,8 m
Bodenfreiheit	280 mm
Überhangwinkel	vorne 28° hinten 28°
Motor:	flüssigkeitsgekühlter Sechszylinder, 4-Takt-Diesel-Reihenmotor
Motorleistung	88 kW (120 PS) bei 2800/min
Max. Drehmoment	370 Nm bei 1800 U/min
Wechselgetriebe:	nichtsynchronisiertes Fünfgang-Allklauengetriebe 5 Vorwärtsgänge + 1 Rückwärtsgang
Verteilergetriebe:	2-stufig
Antriebsart:	Hinterrad, pneumatisch zuschaltbarer Vorderradantrieb

Ausgleichssperren:		Quersperre Hinterachse pneumatisch zuschaltbar
Bremsanlage:	Betriebsbremse:	Hydraulische Zweikreisbremsanlage mit Druckluftunterstützung, vorne und hinten Trommelbremsen
	Betriebsdruck:	7,3 bar
	Feststellbremse:	mechanisch auf die Hinterräder und über den Hydraulikteil der Betriebsbremse auf alle Räder wirkend
	Verlangsameranlage:	mechanisch betätigte Motorstaubremse
Bereifung:	Reifengröße	9.00–20 Hinterachse zwillingsbereift
	Reifendruck	vorne 5,5 bar
		hinten 4,0 bar
Elektrische Anlage:	Nennspannung	24 V
	Anzahl der Batterien	2 Stk 12 V/110 Ah

Geländegängiger Lastkraftwagen, D, Steyr 680 M3
ohne/mit Seilwinde, mit klappbaren Seitenwänden

Verwendungszweck: Mannschaftstransportfahrzeug, Transportmittel für Versorgungsgüter, Trägerfahrzeug für Shelter sowie Zugmittel für Anhänger und militärisches Gerät

Besatzung: Sitzplätze 1. Sitzreihe 1+1
Ladefläche 18

1. Maße und Gewichte:

Außenabmessungen:		Innenabmessungen (Ladefläche):	
Fahrzeuglänge	6730 mm	Länge	4060 mm

Fahrzeuglänge bis Mitte Anhängerkupplung	6600 mm	Breite	2020 mm
		Höhe	1650 mm
Fahrzeugbreite	2400 mm	Bordwandhöhe	400 mm/600 mm
Fahrzeughöhe	2980 mm	Ladehöhe	1300 mm
Bahnverlademaß	ja		
Gewichte:		Höchste zul. Achslast:	
Eigengewicht	6330 kg/6760 kg	1./2. Achse	4000 kg/4500 kg
Höchste zul. Belastung	5670 kg/5240 kg	3. Achse	4500 kg
Höchstes zul. Gesamtgewicht	2000 kg/12000 kg		
2. Leistungen:			
Bauartgeschwindigkeit	80 km/h	Tankinhalt	180 l
Steigfähigkeit	60 %	Verbrauchssatz (VS)	35 l
Watfähigkeit	800 mm	Anhängelast	8000 kg
Reichweite	ca. 500 km	Stützlast	850 kg
3. Zusatzausstattungen:			
Seilwinde:			
Pneumatisch betätigte, mechanisch angetriebene MARTIN-Trommelwinde			
Zugkraft		60 kN (6 t)	
Seillänge		87 m/90 m	
Zugrichtung nach vorne und hinten			
4. Allgemeine Daten:			
Wendekreis		16 m	
Bodenfreiheit		300 mm	

Überhangwinkel		vorne 28° hinten 28°
Motor:		flüssigkeitsgekühlter Sechszylinder, 4-Takt-Dieselmotor mit Turboaufladung
Motorleistung		110 kW (150 PS) bei 2800/min
Max. Drehmoment		440 Nm bei 1700 U/min
Wechselgetriebe:		nichtsynchronisiertes Fünfgang-Allklauengetriebe 5 Vorwärtsgänge + 1 Rückwärtsgang
Verteilergetriebe:		2-stufig
Antriebsart:		Hinterrad, pneumatisch zuschaltbarer Vorderradantrieb
Ausgleichssperren:		Quersperre Hinterachse pneumatisch zuschaltbar
Bremsanlage:	Betriebsbremse:	Hydraulische Zweikreisbremsanlage mit Druckluftunterstützung, vorne und hinten Trommelbremsen
	Betriebsdruck:	7,3 bar
	Feststellbremse:	mechanisch auf die Hinterräder wirkend
	Verlangsameranlage:	mechanisch betätigte Motorstaubremse
Bereifung:	Reifengröße	9.00–20 2. und 3. Achse zwillingsbereift
	Reifendruck	vorne 5,5 bar hinten 3,0 bar
Elektrische Anlage:	Nennspannung	24 V
	Anzahl der Batterien	2 Stk 12 V/110 Ah

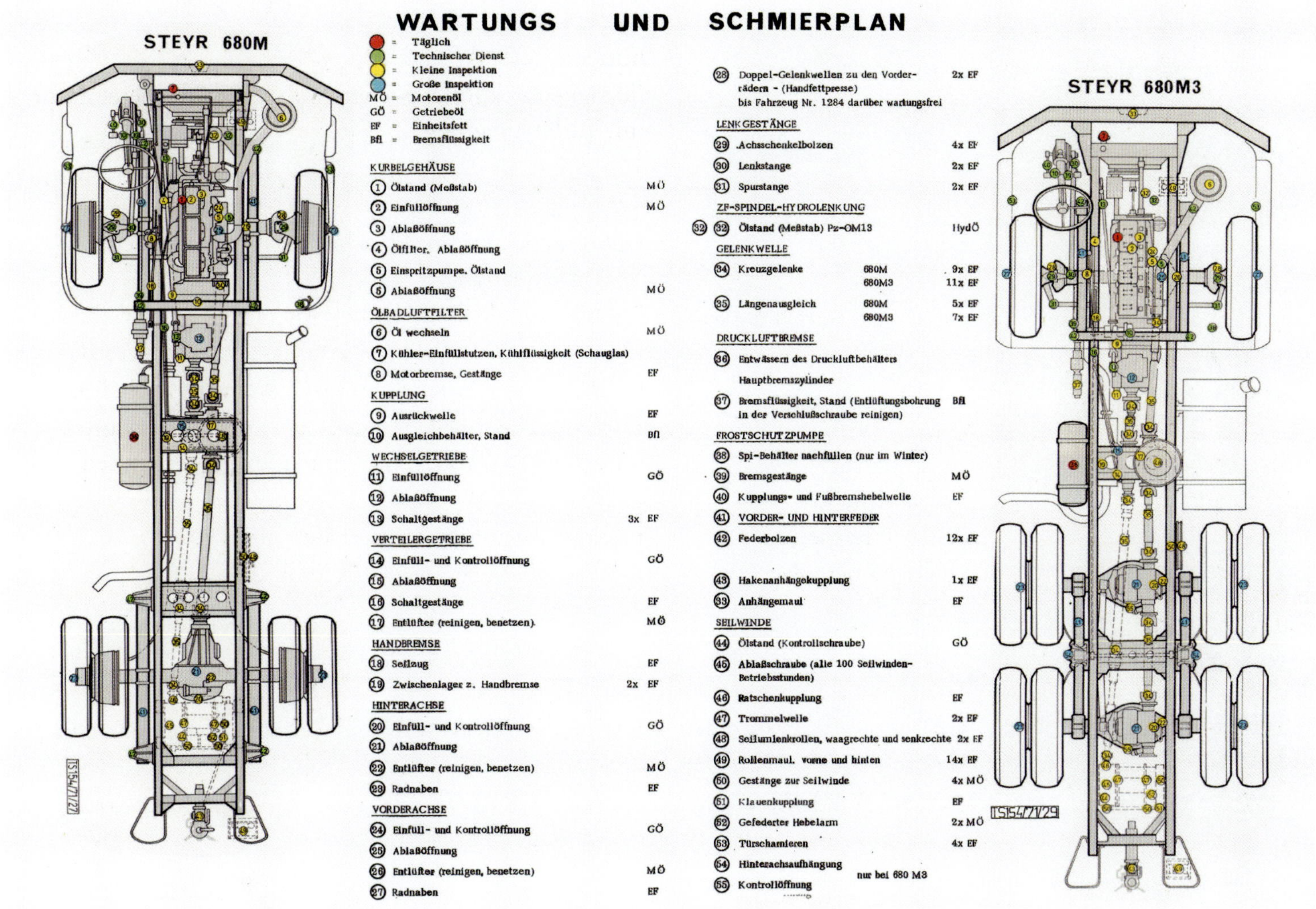

STEYR 680M

WARTUNGS UND SCHMIERPLAN

- (rot) = Täglich
- (grün) = Technischer Dienst
- (gelb) = Kleine Inspektion
- (blau) = Große Inspektion
- MÖ = Motorenöl
- GÖ = Getriebeöl
- EF = Einheitsfett
- Bfl = Bremsflüssigkeit

KURBELGEHÄUSE		
(1) Ölstand (Meßstab)		MÖ
(2) Einfüllöffnung		MÖ
(3) Ablaßöffnung		
(4) Ölfilter, Ablaßöffnung		
(5) Einspritzpumpe, Ölstand		
(5) Ablaßöffnung		MÖ
ÖLBADLUFTFILTER		
(6) Öl wechseln		MÖ
(7) Kühler-Einfüllstutzen, Kühlflüssigkeit (Schauglas)		
(8) Motorbremse, Gestänge		EF
KUPPLUNG		
(9) Ausrückwelle		EF
(10) Ausgleichbehälter, Stand		Bfl
WECHSELGETRIEBE		
(11) Einfüllöffnung		GÖ
(12) Ablaßöffnung		
(13) Schaltgestänge	3x	EF
VERTEILERGETRIEBE		
(14) Einfüll- und Kontrollöffnung		GÖ
(15) Ablaßöffnung		
(16) Schaltgestänge		EF
(17) Entlüfter (reinigen, benetzen)		MÖ
HANDBREMSE		
(18) Seilzug		EF
(19) Zwischenlager z. Handbremse	2x	EF
HINTERACHSE		
(20) Einfüll- und Kontrollöffnung		GÖ
(21) Ablaßöffnung		
(22) Entlüfter (reinigen, benetzen)		MÖ
(23) Radnaben		EF
VORDERACHSE		
(24) Einfüll- und Kontrollöffnung		GÖ
(25) Ablaßöffnung		
(26) Entlüfter (reinigen, benetzen)		MÖ
(27) Radnaben		EF

(28) Doppel-Gelenkwellen zu den Vorderrädern - (Handfettpresse) bis Fahrzeug Nr. 1284 darüber wartungsfrei		2x EF
LENKGESTÄNGE		
(29) Achsschenkelbolzen		4x EF
(30) Lenkstange		2x EF
(31) Spurstange		2x EF
ZF-SPINDEL-HYDROLENKUNG		
(32) (32) Ölstand (Meßstab) Pz-OM13		HydÖ
GELENKWELLE		
(34) Kreuzgelenke	680M	9x EF
	680M3	11x EF
(35) Längenausgleich	680M	5x EF
	680M3	7x EF
DRUCKLUFTBREMSE		
(36) Entwässern des Druckluftbehälters		
Hauptbremszylinder		
(37) Bremsflüssigkeit, Stand (Entlüftungsbohrung in der Verschlußschraube reinigen)		Bfl
FROSTSCHUTZPUMPE		
(38) Spi-Behälter nachfüllen (nur im Winter)		
(39) Bremsgestänge		MÖ
(40) Kupplungs- und Fußbremshebelwelle		EF
(41) **VORDER- UND HINTERFEDER**		
(42) Federbolzen		12x EF
(43) Hakenanhängekupplung		1x EF
(33) Anhängemaul		EF
SEILWINDE		
(44) Ölstand (Kontrollschraube)		GÖ
(45) Ablaßschraube (alle 100 Seilwinden-Betriebsstunden)		
(46) Ratschenkupplung		EF
(47) Trommelwelle		2x EF
(48) Seilumlenkrollen, waagrechte und senkrechte		2x EF
(49) Rollenmaul, vorne und hinten		14x EF
(50) Gestänge zur Seilwinde		4x MÖ
(51) Klauenkupplung		EF
(52) Gefederter Hebelarm		2x MÖ
(53) Türscharnieren		4x EF
(54) Hinterachsaufhängung	nur bei 680 M3	
(55) Kontrollöffnung	nur bei 680 M3	

STEYR 680M3

Wartungs- und Schmierplan für Steyr 680M und Steyr 680 M3.

Literatur

Rauscher, Karl-Heinz; Knogler, Franz: LKW aus Steyr. Gnas 1999

Schweizer Armee (Hg.): Schwere Motorfahrzeuge. Sammlung historische Armeefahrzeuge. Bern 2016.

Spielberger, Walter J.: Kraftfahrzeuge und Panzer des Österreichischen Bundesheeres 1896 bis heute. Stuttgart 1976.

Truppendienst-Taschenbücher.

Unterlagen des Instituts für Kraftfahrwesen zum Steyr 680M und dem Raketenwerfer-Fahrzeug.

Bildnachweis

Walter Blasi: Seiten 8, 55, 56, 57, 72, 73, 86, 115

Günther Graber: Seiten 11, 12, 13, 14, 15, 16, 17, 18, 68, 69, 74, 75, 76, 78, 79, 88, 89, 90, 91, 92, 99, 100, 101, 102, 103, 104, 105, 106, 107, 108, 109

Heeresbild- und Filmstelle: Seiten 70, 71, 72 oben links, 74 oben, 77, 80, 81, 82, 83, 84, 85

Institut für Kraftfahrwesen des Österreichischen Bundesheeres: Seiten 22, 23, 24, 25, 27, 28, 29, 30, 31, 33, 34, 35, 38, 39, 40, 41, 43, 44, 45, 46, 47, 48, 49, 50, 51, 52, 58;

Friedrich Tobil: Seiten 93, 94

Dank

An dieser Stelle sei sehr herzlich für die Unterstützung gedankt, ohne die das Buch nicht zustande gekommen wäre: Frau Gabriele Grabenhofer und Herrn Wolfgang Muckenhofer vom Österreichischen Bundesheer, den Herren Friedrich Tobil, Günther Graber, Gerhard Blümel, Dr. med. Hermann Gerig, Johann Hetterle und natürlich ganz besonders Herrn Dipl.-Ing. Dr. mont. Hermann Spörker (HKFW).

Bereits erschienen:

Walter Blasi

Der Steyr-Puch Haflinger

des Österreichischen Bundesheeres

Der Steyr-Puch Haflinger gilt heute als Kultfahrzeug. Seine museale Heimstätte hat der kleine Allradler in Graz, im Puch-Museum, gefunden, wo viele Varianten bewundert werden können. Er ist aber auch noch auf der Straße zu finden, und dank des Internets gibt es eine weltweite Gemeinschaft und Verbundenheit von Haflingerfreunden.

Walter Blasi schildert in seinem Buch den langen Weg dieses Fahrzeuges zu einer der tragenden Säulen des Österreichischen Bundesheeres. Bereits 1956 wurden die Weichen für den Haflinger gestellt. 1957 wurden die ersten Prototypen gebaut. Die anschließenden Testfahrten der Grazer Versuchsabteilung waren von großem Interesse der Bevölkerung begleitet. 1959 ging das Geländefahrzeug unter der Bezeichnung „Haflinger Typ 700 AP“ schließlich in Serie.

Der Name „Haflinger“ leitet sich vom beim Bundesheer bestens bewährten Gebirgspferd her und entstand spontan bei einer Vorführung. Das Fahrzeug entwickelte sich zu einem militärischen Exportschlager. Es herrschte großes Auslandsinteresse. 80 Prozent der Produktion wurden in 110 Länder exportiert. In den 1970er-Jahren gingen vor allem größere Auslandslieferungen nach Afrika. Der spätere Nachfragerückgang beim Haflinger konnte allmählich durch Bestellungen seines größeren Bruders, des Pinzgauers, kompensiert werden.

23,5 x 20 cm. 116 Seiten mit zahlreichen Fotografien. Hardcover. ISBN 978-3-9504720-9-7

Bereits erschienen:

Walter Blasi

Der Steyr-Puch Pinzgauer
des Österreichischen Bundesheeres

Ist schon der Haflinger zum Kultfahrzeug geworden, so hat sich sein Nachfolger erst recht einen Kultstatus gesichert. Man darf den Pinzgauer ruhig als bestes Geländefahrzeug der Welt bezeichnen. Nicht umsonst erfreute sich dieses Spitzenprodukt österreichischer Ingenieurskunst auch international großer Beliebtheit.

Die Nachfrage von zahlreichen Interessenten, aber auch von militärischer Seite aus verschiedenen Ländern nach einem größeren Geländewagen mit höherer Nutzlast und Leistung veranlasste das Grazer Unternehmen, die Serienentwicklung dieses Projektes 1964 in Angriff zu nehmen. Vorentwürfe waren bereits 1962 entstanden, und Ende 1965 konnten die ersten Prototypen in Erprobung genommen werden.

Im Wesentlichen unterscheidet man zwei Ausführungen: eine 4x4- und eine 6x6-Version, die für die verschiedenen Aufgaben adaptiert wurden. Viele Jahre kam ein Benzinmotor zum Einsatz, der später durch einen Dieselmotor ersetzt wurde. Mit dem Pinzgauer wurden sowohl das Österreichische Bundesheer als auch die Schweizer Armee mit mehreren Tausend Stück beliefert. Nach fast 30-jähriger Fertigung und 24.000 gebauten Fahrzeugen wurde die Produktion im Jahr 2000 eingestellt.

23,5 x 20 cm. 120 Seiten mit zahlreichen Abbildungen. Hardcover. ISBN 978-3-9504937-6-4